조선미의
현실 육아
상담소

조선미의
현실 육아 상담소

조선미 지음

북하우스

시작하며

매일같이 아이와 실랑이하느라 지친 부모들에게

아이가 한두 돌을 넘게 되면 하지 말라고 해야 할 일투성이입니다. "하지 마", "그만해"를 입에 달고 살게 되죠. 한 번 말했을 때 들으면 좋으련만 몇 번이나 말해도 같은 행동을 반복하는 아이를 보며 속이 부글부글 끓어오릅니다. 앞으로 하지 않겠다고 말해봤자 한 시간만 지나면, 아니 바로 그다음 순간에 하지 말라는 행동을 또 하고 있습니다. 이걸 하루 종일, 매일 하다 보면 '미칠 것 같다'라는 마음이 드는 것도 무리는 아닙니다.

정신 없이 하루를 보내고 밤에 잠든 아이를 보면 온갖 후회와 자괴감이 밀려옵니다. 내가 너무 화를 냈나, 지나치게 심하게 혼냈나, 괜히 엉덩이를 때렸나…. 아이한테 미안하고 나 자신이 미워집니다.

TV를 보면 "아이한테 한 번도 화낸 적이 없어요"라고 말하는 엄마가 간혹 나옵니다. 항상 온화한 얼굴을 하고 이성적으로 아이를 대한다는 겁니다. 그러면 '나만 나쁜 엄마인가' 싶은 생각이 들기도 합니다. 육아서를 봐도 긍정적인 태도로 아이를 대하라는데 나는 온종일 아이한테 부정적인 말만 한 것 같아 괴로워집니다.

아이한테 화를 내고 싶은 부모는 없습니다. 웃는 얼굴로 좋게 얘기하고 아이도 말을 잘 듣는 평화로운 가정, 누군들 바라지 않겠습니까. 하지만 아무것도 모르는 아이에게 뭔가를 가르치는 일은 큰 인내심을 필요로 하는 일입니다. 그런데 바깥일 하랴 집안일 하랴 팍팍한 일상을 일구며 육아를 하는 현실 부모에게는 인내심을 발휘할 여유가 금방 동나버리곤 합니다.

임상심리 전문가로 수십 년 동안 아이와 부모를 보며 안타까웠던 점은 훈육 방법을 잘 몰라서 부모도 아이도 고통받는 경우가 많다는 사실입니다. 훈육이라고 하면 단순히 아이한테 화를 내거나 소리를 지르는 것으로 착각하는 부모가 많습니다. 아이가 싫어하는 것을 억지로 시키는 게 맞나 고민하는 가정도 많이 보았습니다. 사랑스러운 아이가 얼굴을 찡그리고 눈물을 흘린다면 그건 나쁜 거라고 결론 내린 부모들은 친구 같은 부모, 민주적인 부모라는 이름 뒤에 숨어 부모로서 반드시 해야 할 훈육을 등한시하기도 합니다. 훈육을 하면 아이의 기가 죽거나 상처를 받는다는 과거 어른들의 말을 그대로 믿는 사람들도 많습니다.

그러나 훈육은 해야 할 것과 하면 안 되는 것을 가르치는 중요한 일입니다. 아이가 성인으로 성장하기 위한 '사회화'의 초기 단계는 가정에서 이루어집니다. 육아의 목적이 아이의 독립이라면 훈육은 아이에게 홀로 설 수 있는 도구를 손에 쥐여주는 겁니다. 아무 도구 없이 아이를 험한 세상에 내보내고 싶지 않다면 반드시 훈육을 해야 합니다.

훈육을 해야 한다는 걸 알지만 구체적으로 어떻게 해야 할지 막막해하는 부모들도 많습니다. 아이들을 어떻게 훈육하는가 하는 문제는 어느 시대에나 부모들한테 매우 큰 숙제입니다. 제 아이들이 어렸을 때 제가 했던 고민을 지금 어린아이를 둔 부모들도 하고 있고, 우리 아이들이 커서 누군가의 부모가 되면 또 비슷한 고민을 할 것입니다.

오랜 시간 동안 연구와 임상 경험을 통해 정립한 훈육 방법을 이 책에 담았습니다. 핵심은 아이의 감정은 존중하되, 행동은 통제하라는 것입니다. 존중하는 것과 통제하는 것을 구분해야 합니다. 훈육을 하는 상황에서는 감정을 읽어주는 대신 단호하게 지시해서 빨리 상황을 종결해야 합니다. 지시는 짧고 간단하고 구체적으로 해야 합니다. 감정을 싣지 말고 불필요한 잔소리도 하지 말아야 합니다. 과도한 설명이나 설득도 훈육의 효과를 떨어뜨립니다. 아이한테 선택권을 주거나 결정권을 넘겨줘서도 안 됩니다. 마음 상하지 않게 훈육을 한다는 것은 콧노래를 부르며 수학 문제를 풀라는 것과 비슷합니다. 불가능한 일이죠. 기분이 상한다고 감정을 받아주고, 어렵다고 수학 문제를 풀지 않게 한다면 우리 아이들이 어른이 됐을 때 남들보다 더 많은 과제를 지고 가야 할 것입니다.

육아는 사랑하는 내 자식을 키운다는 지극히 정서적인 활동인 동시에, 이 아이를 훈육을 통해 사람답게 만든다는 게 어떤 것인지를 이해하는 과학적인 활동이기도 합니다. 아무것도 모르는 아기가 꼭 해야 하는 일, 하지 말아야 하는 일을 어떻게 습득하는지, 어떻게 해야 아이의 습관이 되는지 이해해야 합니다. 그리고 이것을 가르치는 부모의 언어적, 비언어적 메시지가 어떠해야 아이에게 제대로 인식되는지도 알아야 합니다. 이 책을 읽으면 훈육을 어떻게 하는지, 아이를 어떻게 키워야 하는지, 눈이 뜨이는 경험을 하게 될 것입니다.

1부에는 훈육의 원리와 기본 원칙을 정리했습니다. 이것만 알아도 아이에게 화를 내거나 소리를 치거나 쓸데없는 상처를 줄 일이 거의 없습니다. 아이는 모두 다르고 가정 상황도 저마다 다르므로 훈육 방법을 알아도 이를 적용하는 데 어려움을 겪을 수 있습니다. 그래서 2부와 3부에서는 실제 부모들의 고민을 예시로 이런 상황에서 어떻게 훈육하고 마음을 읽어줘야 하는지를 적어놓았습니다. 이 예시와 비슷한 고민을 가진 부모라면 바로 따라 해볼 수 있을 것이고, 좀 다르더라도 기본 원리는 같으므로 쉽게 적용할 수 있을 것입니다. 마지막으로 4부에는 육아 전반에 걸친 부모의 마음가짐과 태도에 관한 조언을 담았습니다.

이 책을 찾아서 펼친 것만으로 당신은 이미 좋은 부모입니다. 아이에 대한 고민과 육아 스트레스에 지쳐 있다면 이 점을 기억하고 마음을 조금 편히 가졌으면 좋겠습니다. 그리고 이 책의 마지막 장을 덮을 즈음에는 희망과 자신감을 되찾기를 진심으로 바랍니다.

차례

2부 행동의 경계를 정해줘야 잘 자란다

3부 좋은 습관은 삶의 무기가 된다

4부 현실 엄마에게는 사랑보다 인내가 필요하다

마치며

1부

이것만 알면
화낼 일이
절반은 줄어든다

1

훈육이 힘든 이유

훈육이 육아에서 중요한 개념으로 언급되면서 훈육 문제로 힘들어하는 부모가 많아졌습니다. 다들 훈육을 안다고 생각하지만 어렴풋하게 감지할 뿐, 정확하게 알지 못하기 때문입니다.

예전에 우리 부모들은 훈육이라는 말 대신 혼낸다거나 야단친다는 말을 많이 썼습니다. 혼났다, 야단맞았다고 할 때 우리는 목소리가 크고 화가 나 있으며, 때로는 매를 들고 달려드는 무서운 부모의 모습을 연상합니다. 강도가 과한 경우도 적지 않습니다. 상담을 하면서 내담자의 어린 시절 이야기를 들을 기회가 많았습니다. 어린 시절에 많이 혼났다고 하는 경우, 추적하다 보면 대부분 체벌이 수반되어 있었습니다. 부모님이 무서웠다고 할 때에는 체벌이라는 부정적인 상호작용 외에 긍정적인 상호작용은 없는 경우가 많았습니다. 그래서 우리는 훈육이라는 말을 '화'나 '벌'과 잘 구별하지 못합니다. 훈육은 부모가 아이가 자라면서 지녀야 하는 것들을 가르치는 과정과 결과를 의미합니다. 그런데 화라는 건 엄마의 감정 즉 분노를 의미합니다. 아이를 혼낼 때 지나치게 감정이 동요된다면 지금 훈육을 하는 건지, 아이한테 벌을 주는 건지, 단지 화를 내는 건지 잘 구분해야 합니다. 분노는 상대를 굴복시키려 하는 감정에 불과합니다. "엄마가 하지 말랬지!"라고 말하면 훈육에 합당한 말을 하는 것처럼 느껴지지만 내가 그냥 화를 내고 있다는 건 누구나 알 수 있습니다. 그렇게 상황이 종료되고 나면 내가 훈육을 잘하지 못하고 있구나 하는 자괴감이 느껴지지요.

그러나 훈육은 지향성을 갖고 장기적인 계획을 세워서 가는 것이지 매 순간 훈육을 잘한다, 못한다를 판정하는 게 아니에요. 두 돌 무렵 시작해서 보통 사춘기까지 아이가 알아야 할 사회적·도덕적 기준과 규칙 등을 내재화해가는 긴 과정입니다. 아이들이 초등학교, 중학교, 고등학교를 순서대로 가듯이 나이에 맞는 통제 방법을 사용해 나이에 맞는 행동을 하도록 하는 게 가정에서의 훈육이라는 걸 먼저 이해하길 바랍니다. 부모는 집에서 아이들을 돌보는 한편으로 학교 선생님이 교과목을 가르치듯 좋은 태도를 가르쳐야 합니다.

이번에는 벌에 관해 이야기해보겠습니다. 벌은 안 좋은 행동을 했을 때 안 좋은 결과를 주는 거예요. 안 좋은 행동은 사회적으로 바람직하지 않은 행동, 즉 누구를 때린다거나 거짓말을 한다거나 하는 것이고, 안 좋은 결과는 원하지 않는 결과를 의미합니다. "동생을 때렸으니까 가서 손들고 있어"라고 할 때 동생을 때리는 건 바람직하지 않은 행동이고, 손들고 서 있는 것은 아이 입장에서 싫어하는 어떤 것을 부여하는 것입니다. 이게 벌의 의미이고, 벌이 효과적으로 이루어진다면 좋지 않은 행동은 점차 줄어듭니다. 벌은 적절하게 사용되면 훈육에서 큰 효과를 볼 수 있습니다. 어른들의 행동에도 벌은 영향을 미칩니다. 운전을 하거나 횡단보도를 건널 때 신호를 지키는 것은 양심이나 규범 때문이기도 하지만 범칙금이라는 벌이 없으면 지금만큼 규칙을 잘 지키지 않을 수도 있습니다.

해도 되는 것과 하면 안 되는 것

훈육이 무엇인가에 대해 좀 더 자세히 들여다볼게요. 기본적으로 훈육이란 크게 두 가지로 설명할 수 있습니다.

첫 번째는 해도 되는 것과 하면 안 되는 것을 가르치는 겁니다. "높은 데 올라가면 안 돼", "친구를 때리면 안 돼" 같은 건 당연히 가르쳐야 하고, 굳이 설명하지 않아도 누구나 압니다. 그리고 아이들도 알아요. 두 번째로 훈육은 '기다림'을 가르치는 겁니다. 아무리 사탕이 먹고 싶더라도 절제 없이 아무 때나 먹는 게 아니라 밥 먹은 다음에 간식으로 먹는 것이라고 가르치며 기다리는 힘을 길러주는 게 훈육입니다.

훈육의 순서는, 아이가 습득하지 않으면 치명적인 위험에 처할 수 있는 행동부터 가르쳐야 합니다. 첫 번째는 안전입니다. 안전은 가장 우선시되어야 합니다. 안전에 대해서 아이가 어느 정도 인지할 수 있게 되면 그다음에는 자기관리를 가르쳐야 합니다. 자기관리라고 하니 어려운 것 같은데 별거 아닙니다. 양치질하는 것, 옷을 스스로 입는 것, 밥을 숟가락으로 먹는 것처럼 일상에서 해야 하는 일들입니다.

여기까지는 집에서 할 일들이지만 어린이집이나 유치원에 가게 되면 집보다 규칙이 더 세분화됩니다. 가방을 제자리에 놓는다든가 장난감을 친구와 나눠 갖고 논다든가 줄을 선다든가 하는 규칙들이 있습니다. 그래서 집단생활 규칙도 집에서 어느 정도 가르쳐야 합니다. 또래와 노는 법을 배운 아이와 그렇지 않은 아이가 어린이집에서 만났을 때 당연히 배우고 오는 아이들이 빨리 적응을 하겠죠. 아이를 마냥 아기 취급하는 건 아이의 사회생활에 부정적 영향을 미칩니다.

어떻습니까, 다 아는 얘기죠? 사실 많은 부모가 이미 훈육을 하고 있습니다. 언뜻 생각하면 별로 어려울 것도 없을 것 같죠. 그런데 왜 부모들이 훈육 때문에 골머리를 앓을까요? 저한테 이렇게 토로하는 부모가 많아요.

"아무리 하지 말라고 말해도 며칠, 아니 몇 시간도 안 돼서 또 하고 있어요. 정말 미쳐버리겠어요."

너무나 사랑하는 내 아이지만 '미쳐버리겠다'라는 표현이 나오는 걸 부모라면 누구나 이해할 겁니다. 부모들이 아이를 키우면서 가장 힘들다고 느끼는 것은 같은 말을 반복해야 한다는 것입니다. 아무리 타이르고 야단을 쳐도 문제 행동은 쉽게 고쳐지지 않습니다. 고쳐졌나 싶다가도 며칠이 지나면 또 반복되죠. 아니, 심지어 몇 분 후에 같은 행동을 또 하기도 합니다. 처음 한 번, 두 번까지는 평정심을 유지하던 부모도 아이가 반복해서 문제 행동을 하면 폭발하기 마련입니다.

부모들이 간과하는 '지속성'

그런데 이렇게 괴로워하는 부모들이 놓치고 있는 점이 있습니다.

훈육은 안 되는 것을 알려주는 것과 기다림을 가르치는 게 다가 아닙니다. 그게 전부라고 생각했다면 훈육을 제대로 모르는 거예요. 많은 부모가 간과하는 훈육의 숨은 측면은 바로 지속성입니다.

훈육은 아이의 몸에 밸 때까지, 즉 습관이 될 때까지 지속해야 합니다. 지속하지 않는다면 훈육을 반만 했거나 아예 안 한 것과 같습니다.

제가 경험한 것을 예로 들어볼게요. 제 아들이 다섯 살쯤 되었을 때의 일입니다. 여느 가정처럼 저녁이 되어서 아들한테 씻자고 했어요. 그러자 아들이 "엄마, 뭐 뭐 씻어야 해?"라고 묻더군요. 그래서 "세수, 치카, 손발" 이렇게 얘기했어요.

그랬더니 갑자기 애가 울먹거리는 거예요. 왜 우냐고 물었더니 "엄마, 세수한 다음에 손을 또 씻어야 해?"라고 하더군요. 세수하면서 손을 자연히 씻게 될 텐데 양치질을 한 다음에 다시 손을 씻어야 한다니, 제 딴에는 억울했던 거죠. 손 한 번 더 씻는 게 뭐가 그리 억울한지, 어른들이 보기엔 아무것도 아닌 일이지만 아이들한테 중요할 수 있는 문제인 거예요. 저는 "어, 그래, 네 말이 맞네"라고 한 다음 "치카, 세수, 손발"이라고 순서를 바꿔 말했어요. 세수하면서 손을 씻고 그다음 바로 발만 씻는 흐름이 되니까 그제야 아들도 납득을 하더군요.

이렇게 아름답게 마무리됐을까요? 그런 줄 알았습니다. 하지만 매일 저녁에 씻을 때마다 아이가 똑같은 질문을 했어요. "엄마, 뭐 뭐 씻어?" 무려 초등학교 2학년 때까지 매일! 매일 똑같은 질문을 받고 똑같은 답을 하는데 왜 자꾸 묻는 걸까요? 이만하면 알 만도 한데 대체 왜 그러는지 너무 답답했습니다. 그래서 하루는 첫아이인 딸에게 하소연을 했어요.

"재는 왜 이렇게 맨날 물어보니…. 이제 알 때도 된 것 같은데."

"하기 싫으니까 그렇지."

무릎을 '탁' 쳤어요. 딸아이 말이 정답이죠. 씻기 싫어서 아이 딴에는 시간을 조금이라도 지연시키려고 뭐라도 해보는 겁니다. 그게 똑같은 질문이었던 거예요. 매일 씻는 게 당연한 일상이자 습관이라면 그리 싫을 것도 없을 텐데, 아이한테는 몇 년간이나 습관이 아니라 너무 싫은 비일상이었던 거죠.

설명과 설득으로 아이를 훈육할 수 있다고 생각하는 부모들은 이 지점에서 커다란 장애물을 만납니다. 그 행동을 하지 않으려는 아이의 사소한 질문과 투정에 일일이 대답해주다가 결국 본질은 달아나고 감정 싸움이 되거나 상황의 통제권이 아이에게 넘어가는 경우가 비일비재해집니다. 아이가 매일 반복되는 일상의 일 하나를 훈련하는 데도 이렇게 오래 걸립니다.

많은 아이가 씻기 싫어합니다. 하기 싫은 걸 습관이 되게끔 하려면, 군소리 없이 당연한 듯하게 만들려면, 굉장히 오랜 시간이 걸립니다. 모두들 훈육이 힘들다고 여기게 되는 건 바로 이것 때문이에요. 이 훈련과 연습에 부모의 엄청난 인내심이 요구되기 때문입니다.

행동을 습득한다는 건 엄마가 잔소리했을 때 열 번 중에 한 번이 되다가 열 번 중에 두 번이 되다가 다섯 번이 되고 일곱 번이 되는 거예요. 전혀 안 하다가 갑자기 완벽하게 하는 경우는 없습니다. 아이의 행동이 며칠 만에 바뀌기를 바라는 건 비현실적인 기대입니다.

2

설득하지 말고 지시하라

다른 사람이 뭔가를 하게 만들고 싶을 때 여러분은 어떻게 하나요? 상대에 따라 다르겠지만 네 가지 방법 중 하나를 택할 것입니다. 지시, 명령, 설명, 설득. 아이한테 뭔가를 시킬 때도 이 네 가지 개념을 명확하게 이해하면 훨씬 수월해집니다. 네 가지를 잘 안다고 생각하지만, 적재적소에 네 가지를 잘 사용하는 사람은 많지 않습니다. 이는 한 번 습득하면 평생 피가 되고 살이 되는 개념이므로 이번 기회에 확실히 익혀봅시다.

지시는 뭔가를 일러서 시키는 것입니다. 지시와 명령은 뭐가 다를까요? 둘 다 상대에게 뭔가를 하게 만든다는 점에서는 같지만, 명령은 지시에 좀 더 권위와 힘이 실린 것으로, 윗사람이 아랫사람한테 시키는 것입니다. 지시는 행동의 방향성을 정해주는 데 중점을 두지만, 명령에는 압박감이 좀 더 실리는 거죠.

흔히 부모들이 부딪히는 두 가지 문제로 예를 들어보죠. 하나는 아이들이 싫어하는 양치질 시키기, 두 번째는 게임 제한하기입니다. 부모 여러분은 처음에는 지시를 할 것입니다. "양치질해", "게임 그만해." 그런데 아이가 말을 듣지 않는다면 이제 명령을 해야 합니다. 사실 지시와 명령의 대사는 다르지 않아요. 달라야 하는 건 말하는 사람의 의지와 톤입니다. 명령은 상대방이 해야 할 것 같은 압박감을 더 크게 주어야 하는데 이때 반드시 필요한 게 부모로서의 권위입니다.

부모의 권위는 가족의 위계가 안정적으로 형성되어 있을 때 가능합니다. 아이가 입고 싶은 옷을 스스로 고를 수는 있지만, 겨울에 여름옷을 입으려 한다거나 더럽혀진 옷을 그냥 입으려고 할 때는 부모가 개입해야 합니다. 이때 원하지 않아도 부모의 지시에 순응하는 것은 평소 가정 내 위계와 질서, 경계가 잘 확립되어 있어야 가능합니다. 교통이 혼잡한 상황에서 경찰들이 우회로를 안내하면 우리는 교통 영역에서 그들의 권위를 인정하기 때문에 안내에 따라 진로를 바꿉니다. 그 사람이 나보다 훌륭하거나 높은 사람이라서가 아니라 그 영역에서는 그 사람을 따르는 게 위험과 비용을 최소화할 수 있다는 걸 학습한 결과입니다.

꼭 해야 할 일을 가르쳐야 할 때

실제로 많은 부모가 명령하는 걸 힘들어합니다. 명령하는 건 나쁘다는 생각을 은연중에 품고 있기 때문입니다. 하지만 엄연히 엄마는 윗사람이고 아이는 아랫사람이라는 걸 잊지 마세요. 지시를 해서 안 들으면 명령이라도 해야 하는 겁니다. 오해하지 마세요. 우리가 지시와 명령을 하는 이유는 아이들이 꼭 해야 하는 일들이 있기 때문이에요. 열 살까지는 묻지도 따지지도 않고 해야 할 일들을 배워야 하는 시기입니다. 이게 다 학습 과정이에요. 그러니 더 단호한 목소리와 말투로 "지금 당장 가서 양치질해", "게임기 꺼"라고 말해야 합니다. 학교 교사들이 아이들이 싫어하는 과목은 가르치지 않겠다고 하면 여러분은 '정말 민주적인 선생님이야. 우리 아이는 참 좋은 선생님을 만났어'라고 생각할까요. 아닐 겁니다. '아이들이 싫어한다고 가르치지 않으면 학교가 왜 있는 거지. 교사라면 어떻게 해서든 필요한 걸 가르치는 게 임무 아니야?' 이렇게 생각할 겁니다.

설명은 말 그대로 알려주는 겁니다. 양치질을 시킨다면 이를 왜 닦아야 하는지 설명을 해줄 때가 있죠. "이를 안 닦으면 이가 아파서 치과에 가야 해"라고 사실을 알려주는 것입니다. 설명을 하고 나면 설득을 하게 됩니다. "충치가 생기지 않으려면 이를 닦아야 하지 않겠니?" 설득이 설명과 다른 건 상대방의 태도에 영향을 미친다는 겁니다.

설명과 설득은 많은 경우 묶여서 사용하게 되죠. 설명과 설득을 어떻게 사용하는지는 마트에 가보면 알 수 있습니다. 점원들이 상품을 들고 설명을 하죠. "고객님, 이 만두는 새우 통살이 들어 있고…"라며 설명한 뒤에 "애들한테 좀 해줘보세요" 하고 설득하죠.

요즘에는 아이한테 무조건 지시나 명령을 하는 건 좋지 않고, 설명을 해줘야 한다는 말을 많이 들을 거예요. "지시보다 설명을 하면 아이가 말을 좀 잘 듣는다"라거나 "아이들도 다 알아듣기 때문에 왜 해야 하는지를 납득하면 좋은 행동을 하게 된다"라는 말을 들어봤을 겁니다. 이론적으로는 틀리지 않은 말입니다. 그런데 여기에는 함정이 있습니다. 아이가 배워야 하는 건 이 닦는 행동이지 이를 닦아야 하는 이유는 아니라는 겁니다.

이를 닦을 때마다 이 닦는 게 왜 중요한지를 설명한다면 아이는 이 닦기라는 싫은 일을 십 분 정도는 미룰 수 있을 겁니다. 때로는 설명에 지친 엄마가 직접 닦아주는 경우도 있습니다. 이런 과정을 경험한 아이는 이를 닦아야 한다는 걸 배우는 대신 계속 설명해달라고 조르면 엄마가 닦아줄 수도 있다는 것을 깨닫게 됩니다. 이런 과정은 훈육의 본래 목표를 벗어나게 할 뿐 아니라 아이한테 뭘 시킬 때마다 친절하게 설명하다 보니 엄마는 진이 빠지고 오히려 부모의 권위가 떨어지는 경우가 생깁니다.

‘권위적인’ 부모와 ‘권위 있는’ 부모

지시 자체를 힘들어하는 부모가 있는가 하면, 어떤 상황에서 명령을 해야 하고, 또 어떤 상황에서 설명을 해야 하는지를 몰라서 곤란을 겪는 부모들이 있습니다. 언제 얼마나 설명하고 설득해야 하는지, 또 언제 지시나 명령을 해야 하는지 애매하고 어렵다고 느낀다는 거지요.

제가 공식을 알려드릴게요. 먼저 설명은 두세 번이면 충분합니다. 아이가 “이를 왜 닦아야 해?”라고 물어보면 처음 두세 번은 설명해줍니다. 그런데도 아이가 계속 묻는다면 그건 궁금해서가 아니라 그냥 하기 싫어서 시간을 끄는 거라고 이해하면 됩니다. 설명을 해주면 더 말을 잘 들을 거라고 믿고 열 번 물으면 열 번 설명하는 부모가 있는데 이건 그저 아이에게 휘둘리는 것 외에 아무것도 아닙니다. 반복되는 질문과 설명은 그저 시간을 지연하는 효과밖에 없습니다. 또한 지나친 설명은 지시의 효율성을 떨어뜨립니다.

세 번 설명했는데 아이가 또 물으면 “그냥 해”라고 말하면 됩니다. 양치질처럼 매일 반복해야 하는 일을 매일 설명하지 마세요. 아이들은 설명해달라고 하면 엄마가 자신을 몰아 욕실로 가다가도 주춤한다는 걸 알고 그걸 이용하는 겁니다. 그러니까 그냥 하라고 하세요. 물론 아이가 정말 궁금해서 새로운 뭔가를 물을 수도 있는데, 그런 건 설명해줘야 하겠지요. 이건 부모들이 구분할 수 있을 거예요. 설명은 설명이 필요할 때만 하면 됩니다.

정리하면, 먼저 지시를 하고, 필요한 것이나 새로운 것에 대해서는 세 번까지 설명해줍니다. 그래도 안 되면 명령을 합니다. 아이가 운다고요? 할 수 없습니다. 아이가 운다고 물러서면 지시나 명령이 더 이상 통하지 않게 됩니다.

지시 ➡ 질문을 한다면 3번까지 설명 ➡ 명령

간혹 낮에 지시와 명령을 잘해놓고서는 자기 전에 아이가 "엄마가 아까 얘기할 때 무서웠어"라고 하면 "엄마가 미안해"라고 사과하는 부모가 있습니다. 그렇게 하면 지시와 명령의 효율성이 떨어집니다. 사과를 하면 엄마가 잘못했다는 의미가 되거든요. 엄마가 잘못한 건 없어요. 아이를 키우는 엄마는 항상 뭔가를 지시해야 해요. 지시가 안 되면 명령을 해야 하고요. 그걸 미안하다고 하면 엄마가 못 할 일을 한 게 되어버립니다.

꼭 해야 할 일을 가르칠 때 설득을 사용하면 안 됩니다. 설득은 육아에 있어서 부작용을 많이 초래합니다. "양치질을 안 하면 이가 아파서 치과에 가야 해. 그러니까 엄마하고 같이 양치질하러 갈까?"라고 얘기하면 안 됩니다.

설명하고 선택권을 주는 게 설득입니다. 엄마가 설득 조로 말하면 아이들은 자신이 선택권을 가지고 있다고, 즉 자신이 갑의 위치에 있다고 생각하게 됩니다. 설득은 아이들한테 하는 게 아닙니다. 내가 뭘 얻어내고 싶은 고객한테 하는 겁니다. 아이를 자꾸 설득하면 자기를 고객으로 착각합니다.

"선택권 없이 지시와 명령을 하면 너무 권위적이지 않나요?"

이런 의문을 갖는 부모가 분명 있을 겁니다. 요즘엔 권위적인 부모가 되는 걸 다들 싫어하는 것 같아요. "권위 있는"과 "권위적인"이라는 단어를 동일시해서 생긴 결과입니다. 부모가 권위적인 것은 좋지 않지만 권위는 반드시 있어야 합니다. 안 그러면 다 같이 괴로움의 수렁으로 빠지고 맙니다. 유치원에 가고 학교에 가는 걸 선택할 수 있나요? 양치질을 선택해도 괜찮나요? 안 되잖아요. 그러니까 매일 해야 하는 일, 일상적으로 해야 하는 일은 지시와 명령을 해야 합니다.

"20개월 아이인데 안 된다고 하면 엄청 떼쓰고 난리예요"라고 상담해온 엄마가 있었습니다. 그런데 20개월짜리 아이의 마음은 마음이라고 할 수는 없고 단순한 욕구입니다. "조금만 놀아"라고 해도 '조금만'을 모릅니다. "이따가 사줄게"라고 해도 '이따가'를 모릅니다. 20개월이면 지금 당장 해주지 않으면 떼를 쓰는 게 당연해요. 아직 이런 단어를 이해할 정도로 인지 능력이 형성되지 않았기 때문입니다.

5세 정도까지는 "돼, 안 돼"만 얘기하면 됩니다. 다섯 살부터는 "밥 먹고 나서 (간식) 먹자" 같은 조건문이 가능합니다. 그다음에 "하고 싶어도 안 되는 게 있는 거야"는 초등학교 들어갈 즈음에 통하는 말입니다.

아이가 원하는 대로 해주는 게 민주적인 방식이라고 혼동하지 마세요. 아이가 반드시 해야 하는 일에 안 해도 될 선택권을 주는 부모는 민주적인 게 아니라 방임형 부모입니다. 양치질을 하도록 지시나 명령을 한 뒤에 "네가 하기 싫은 건 알아"라고 싫은 마음을 알아주는 부모가 민주적인 겁니다. 아이가 싫어하는 마음까지 "시끄러워, 싫긴 뭐가 싫어"라고 무시하는 부모는 권위적인 것이고요. 마음을 알아주는 것은 양치질을 하고 난 다음에 하세요. 지시를 할 때 마음을 읽어주면 역효과만 납니다. 단호할 땐 단호해져야 합니다.

3

효과적으로 지시하는 법

지시에 대해 더 알아봅시다. 우리가 아이들에게 뭔가를 하게 만들기 위해서는 제대로 된 지시를 해야 합니다. 아이한테 지시를 잘못하면 효과가 떨어질 뿐 아니라 심지어는 관계에 부정적인 영향을 미치기도 합니다.

아이들도 연습이 필요하지만 지시를 하는 부모도 연습이 필요합니다. 머릿속으로 알고 있다고 해서 그게 입으로 바로 나오는 게 아니에요. 반복해서 연습하면 의식하지 않아도 옳은 방식으로 지시할 수 있게 됩니다.

저는 아이들이 다섯 살이 안 됐을 때 떨어진 종이 쪽지 갖다 버리기 같은 간단한 것으로 연습을 했습니다. 다음을 유의해서 지시해 보세요.

1 먼저 엄마가 마음을 확실히 정하라

아이한테 지시를 할 때는 지금 뭘 지시할지 엄마부터 명확히 정해야 합니다. 예를 들면 “아직 숙제 안 했지? 숙제 빨리 해”라고 했다가 “아니다, 밥 먹고 해라”라거나 “아니, 잠깐만 학원 갈 시간이지” 라고 할 수 있죠. 아마 많은 부모가 이런 경험이 있을 거예요. 그런데 이렇게 부모의 지시가 시시때때로 바뀌면 지시의 효과는 당연히 떨어집니다. 이게 반복되면 아이는 엄마가 무슨 말을 했을 때 들어도 되고 안 들어도 된다고 느끼게 됩니다.

뭐가 됐든 지시는 꼭 지금 시켜야 한다고 머릿속에 내용을 단단히 고정해야 합니다. 또한 질문하거나 부탁하지 말고 명령형으로 분명히 얘기해야 합니다. 꼭 해야 한다는 톤으로 말하세요.

2 아이가 하는 것을 끝까지 확인하라

“이거 해” 하고 지시를 했다면 다른 데 보거나 가버리는 게 아니라 아이가 끝내는 것까지 지켜봐야 합니다. 엄마가 한눈을 팔거나 다른 데로 가면 아이도 산만해져서 흐지부지되어버립니다. 특히 방에서 숙제를 하라고 하면 알아서 하는 아이는 많지 않아요. 혼자 있을 때 집중해서 숙제를 한다는 건 굉장히 어렵죠. 그래서 웬만하면 엄마가 계속 확인할 수 있는 위치에서 아이가 실행하게 하는 게 좋습니다.

언제까지 이렇게 보고 있어야 하냐고요? 아이가 훈련이 충분히 될 때까지요. 앞으로도 계속 이렇게 확인하라는 게 아니라 훈련할 때는 이런 방식으로 해야 한다는 것입니다. 이렇게 하루에 두 번씩만 해도 아이가 점점 지시에 잘 반응하게 됩니다. 지시는 방향입니다. 어떤 방향을 딱 가리켰으면 거기까지 끝까지 가도록 해야 지시 따르기를 배우게 됩니다.

3 한 번에 하나씩만 시켜라

처음부터 과도하게 지시해서는 안 됩니다. 예를 들어 "방에 가서 책 갖고 나오고 저기 연필 부러진 거 깎아 와서 숙제해"라고 한다면 아이는 혼란스럽습니다. 머리가 아파서 쉽게 포기할 수 있어요. 스케이트 훈련을 하는데 갑자기 뒤로 돌아서 빙글빙글 돌라고 시킬 수는 없잖아요. 처음에는 앞으로 가는 것부터 시작하겠죠. 이처럼 한 번에 한 가지만, 간단한 것부터 시키세요.

예를 들어 숙제는 굉장히 복잡한 행동입니다. 숙제를 하려면 일단 알림장을 보든지 아니면 학교의 홈페이지에 들어가든지 숙제가 뭔지 알아야 하고, 숙제를 하는 데 필요한 게 뭔지 알아야 하죠. 수학 익힘책, 연필, 지우개 등을 준비해야 해요. 이 단계들을 하나씩 차근차근 지시하는 게 좋습니다.

아이가 초등학교에 들어가면 해야 할 일이 점점 늘어날 거예요. 이때는 우선순위를 정해서 지시하세요. 예를 들면 학교 숙제와 학원 숙제 중에 뭘 먼저 해야 할지는 미리 정해놓지 않으면 학교 숙제를 해야 하는데 학원 숙제를 하다가 시간이 오래 걸리면 기운이 빠지면서 정작 학교 숙제를 제대로 못 할 수 있습니다. 그러므로 중요한 일부터 우선순위를 정해서 지시해야 합니다.

4 구체적으로 지시하라

'이걸 시켜야지'라고 마음을 먹었으면 머릿속으로 말을 어떻게 할지를 정해야 합니다. "여기 있는 휴지를 저기 있는 휴지통에 버리고 와", "여기 있는 병을 저기 분리수거함에 갖다 놔"처럼 아주 간단한 일을 구체적으로 지시해야 합니다.

이때 하면 안 되는 말들이 있습니다. "이거 해줄 수 있어?", "이거 할래?"와 같은 부탁이나 질문 형식의 말입니다. 앞서 설명한 설득의 말도 안 됩니다. 친절하게 들릴지는 몰라도 듣는 아이는 "싫은데"라고 선택할 수 있어요. 지시의 내용은 할 수도 있고 안 해도 된다는 느낌을 주면 안 됩니다. 듣는 사람이 이걸 꼭 해야 한다고 느껴야 합니다.

아이가 어려서 엄마가 하는 말을 빨리 알아듣지 못한다면 먼저 부모한테 집중하도록 해야 합니다. "엄마 봐"라고 해서 주의를 엄마에게 돌리게 하고, 아이와 눈을 마주친 상태에서 "저기 쓰레기 있지?" 하고 그 쓰레기를 보게 하세요. 그런 다음 "저걸 저기 빨간색 쓰레기통에 갖다 버려"라고 합니다. 아이가 미적거리면 다시 한번 "엄마가 지금 뭐라 그랬지?" 하고 아이한테 지시 내용을 말하게 해요. 그러면 아이가 지시를 명확하게 이해할 수 있을뿐더러 꼭 해야 한다는 느낌을 받습니다.

5 지시를 따를 때는 칭찬하라

지시를 해서 아이가 몸을 움직이기 시작하면 그때부터 두 걸음에 한 번씩 칭찬을 해주세요. 쓰레기를 버리라고 지시한 경우라면 이렇게 합니다. 먼저 아이가 일어나면 "우리 ○○가 휴지 버리러 가는구나. 진짜 기특하다"라고 하고, "다 갖다 버렸네. 진짜 잘했어"라고 하고, 버리고 오면 "고마워. 잘했어"라고 세 번 정도 칭찬을 해줘야 합니다.

제 경험으로는 아이가 지시를 따르려고 일어날 때 칭찬해주는 게 굉장히 중요한 역할을 합니다. 아이는 싫은데도 억지로 일어나는 거잖아요. 일어났는데 그때 칭찬을 받으면 그다음은 자기도 모르게 그 칭찬의 힘으로 하게 됩니다. 첫 시작을 칭찬으로 하면 몸이 가벼워집니다.

휴지를 집어서 쓰레기통에 한 번 버리고 오면 아이는 세 번의 칭찬을 받게 됩니다. 별거 아니죠. 그리고 이런 칭찬을 하루에 두세 번씩 받게 되면 엄마가 지시를 하는 것에 대해서 아이들이 무조건 싫다거나 피하지 않고 이 자체를 긍정적인 상호작용으로 받아들일 수도 있습니다.

많은 부모가 이렇게 말합니다. "그걸 꼭 말해야 하나요? 좀 알아서 했으면 좋겠어요." 아이가 알아서 뭔가를 하는 확률을 늘리고 싶다면 방법이 있습니다. 우연히 해가 서쪽에서 떠서 아이가 할 때, 그때를 놓치지 마세요. 예를 들어 어느 날 시키지도 않았는데 아이가 자발적으로 쓰레기를 집어서 쓰레기통에 넣었다고 해보죠. 그러면 평소보다 한 다섯 배는 더 칭찬해주는 겁니다. "대단하구나. 엄마가 시키지도 않았는데 갖다 버린 거야? 엄마 진짜 행복하다." 아이가 쓰레기를 봤을 때 뭔가 좋았던 기억을 떠올리게 해주면 그 행동에 대한 저항감이 줄어듭니다. "저건 내가 할 일이 아니야"라든지 "지난번에 저걸 어질렀다가 엄마한테 혼났어"라든지 "집이 어질러져 있으면 아빠가 화를 내"라는 인식이 고착되면 쓰레기를 봤을 때 기분이 안 좋겠죠. 그런데 그렇다고 버리는 게 아니라 보는 것 자체를 회피하게 될 수도 있습니다.

"쓰레기를 보고 좋은 느낌이 드는 사람이 있나요?"라고 할지 모르겠습니다. 물론 쉽지 않지만 조금만 생각해보면 얼마든지 가능합니다. 제가 학교 다닐 때 폐품 수집하는 날이 있었는데, 신문지나 다 쓴 노트를 꼭 가져가야만 했어요. 그때 모아놓은 신문지가 없으면 불안했고, 잘 정리되어 있으면 기분이 좋았죠. 이처럼 대상이 무엇이든 맥락에 따라 좋은 기분을 느낄 수도 있고 반대로 될 수도 있습니다. 따라서 쓰레기 버리는 것처럼 매일 하는 일은 가급적 좋은 감정, 최소한 싫지 않은 감정과 연결해주는 게 좋습니다. 저도 아이들이 흘린 쓰레기를 제가 집어서 버릴 때가 있습니다. 그럴 때 쓰레기를 집은 다음 아이를 부르면서 "이거 엄마가 지금 너 대신 버리는 거야. 널 사랑해서 버려주는 거니까 잊지 마"라고 말합니다. 그러고 나면 그다음에 또다시 같은 일이 벌어져서 지시를 할 때 훨씬 부드럽게 상황이 진행됩니다.

모든 훈육은 습관화되는 겁니다. 좋은 행동이 한두 번 칭찬 받을 때나 상을 받을 때만 나타나는 게 아니라 일상에서 반복되어야 합니다.

그래서 쓰레기를 보면 자기도 모르게 집어서 쓰레기통에 넣는 거죠. 이때 엄마가 칭찬을 해주잖아요. 그러면 그게 자기 피드백이 됩니다. 즉 엄마가 해준 칭찬을 자기 자신한테 해주게 돼요. 아이가 방청소를 해서 엄마가 칭찬을 했다면 아이는 스스로에게 "깨끗해졌네. 기분 좋은데"와 같은 긍정적인 피드백을 하게 되는 거죠.

6 아이가 집중할 수 있게 하라

만약 아이가 게임을 하거나 TV를 보고 있다면, 즉 다른 뭔가에 집중하고 있다면 훈련하기에 좋은 상황은 아닙니다. 아이가 한창 스마트폰을 하고 있는데 숙제하자고 하면 금방 말을 듣기는 어렵죠. 어떻게 보면 이게 합리적인 생각입니다. 당연히 즉각적으로 말을 듣지 않습니다. 그런데 엄마들이 이런 상황을 생각하지 않고 무조건 시키는 경우가 많습니다. 아이가 내 지시에 집중할 수 있을 때라야 효과적으로 지시하고 훈련할 수 있습니다.

꼭 지금 시켜야 하는 일이라면 지시를 하기 전에는 모든 잡음이나 방해물을 줄이세요. 아침에 어린이집 가기 전에 TV를 켜놓으면 아이들은 TV를 보지 밥을 먹지 않습니다. TV를 끄고, 스마트폰을 하고 있다면 압수한 다음 지시하세요. 좀 큰 아이라면 스마트폰을 언제까지 하고 그다음 숙제를 하는 걸로 시간 여유를 줄 수도 있습니다. 가상 세계에서 팀으로 하는 게임을 다짜고짜 끄게 하면 큰 갈등으로 번질 수 있습니다.

7 현실적인 목표를 세워라

아이의 숙제 때문에 실랑이를 많이 하고 화를 내게 되는 경우가 많습니다. 학교 갔다 온 지 30분 만에 숙제하자고 하면 순순히 할 가능성이 그리 크지 않습니다. 학교에서 에너지를 많이 쓰고 왔기 때문에 집중력이 바닥 수준으로 떨어져 있습니다. '집에 와서 한두 시간은 쉬어야 집중이 될 거야'라고 생각하는 게 현실적입니다. "지금 5시니까 쉬었다가 6시에 식탁에서 숙제하는 거야"라고 시간과 장소를 미리 정하면 아이도 마음의 준비를 할 수 있습니다.

그리고 숙제를 하다가도 좀 쉴 수 있게 해주세요. 아이들이 집중을 유지할 수 있는 시간은 저학년은 한 10분에서 15분 정도밖에 안 되거든요. 적절히 쉬어야 아이가 지치거나 짜증 내지 않고 숙제를 마칠 수 있습니다. 우리가 아이한테 숙제를 안 했다거나 할 일을 안 했다고 분노하는 상황들은 이런 것들을 미리 생각하거나 세팅해놓지 않았기 때문이에요. 이처럼 시간을 효율적으로 쓸 수 있는 방식을 미리 계획하면 화내는 수준을 반으로 줄일 수 있습니다.

제가 많은 아이를 본 결과, 학교 숙제가 있기 때문에 숙제가 있는 학원 하나 정도, 이 정도가 현실적인 것 같아요. 만약에 학원을 두 개 보내면 둘 중의 하나는 숙제가 적어야 합니다. 두 과목 다 숙제가 많으면 대다수의 아이들이 힘들어합니다.

아이를 훈육하는 건 힘들고 긴 과정이지만, 아이가 첫걸음을 내딛을 수 있게 만드는 것은 바로 효과적인 지시입니다. 지시를 잘하면 엄마가 화를 낼 일이 급격하게 줄어들고, 앞으로 발생할 수 있는 많은 갈등을 미리 예방할 수 있습니다.

4

훈육의 본질은 좌절내구력 키우기

손을 씻거나 옷을 입는 것 같은 기본적인 행동을 가르치는데도 엄마한테 싫다고 하거나 심지어 때리는 경우까지도 있습니다. 이런 경우에는 엄마가 계속 네가 왜 해야 하는지 설명했을 가능성이 있어요. 그 결과 아이가 엄마의 권위를 전혀 인정하지 않는 것이므로 빨리 관계를 바로잡고 훈육을 해야 합니다. 그냥 "너한테 선택의 여지는 없어. 엄마가 시키는 대로 해야 해"라고 해야 해요. 엄마가 아이 말을 다 들어주면 아이는 엄마를 내 말을 들어주는 사람이지 자신에게 뭔가를 시키는 사람은 아니라고 생각해 엄마가 지시를 하면 더 화를 냅니다.

훈육을 할 때는 단호하게 지시해야 합니다. 제가 이렇게 말하면

'내가 지나치게 엄격한 건 아닌가', '혹시 우리 아이가 그것 때문에 상처받으면 어떡하지' 하고 걱정하는 부모가 많습니다. "아이의 감정이 상하지 않으면서 훈육하는 방법은 없을까요?" 이런 질문을 하는 부모가 많습니다.

그러나 좋지 않은 습관을 고치거나 아이가 원치 않는 걸 시킬 때 아이 기분에 집중하면 안 됩니다. '훈육을 하는 것이기 때문에 아이는 당연히 싫어할 거야. 다만 서로 감정에 휩쓸리지 않고 해보자.' 이런 마음으로 시작해야 합니다.

그렇다고 해서 처음에 너무 긴장되고 강압적인 분위기를 조성하지는 마세요. 이는 아이에게 위협감을 줍니다. 예를 들어 간식을 오늘은 이만큼만 먹어야 한다면 아이한테 어떻게 말할까요? 소리 높이지 말고 차분하게 말하면 됩니다. "오늘은 여기까지 먹고 내일 먹자." 여기서 "더 먹으면 배가 아플 것 같은데"라며 논리적인 설명을 좀 덧붙이면 아이가 덜 흥분할 수 있겠죠.

아이에게 좌절내구력을 키워주고 싶다면

본질적으로 훈육은 아이를 좌절시키는 겁니다. 좌절과 훈육은 동전의 앞뒷면이에요. 훈육의 기전은 이렇습니다. 먼저 아이를 좌절시킵니다. 아이가 좌절감을 느끼면서 그걸 견디는 거예요. 지금 당장 먹고 싶은데 내일 먹어야 한다면, 오늘부터 내일까지 참아야 하는 거잖아요. 이것을 '자아의 힘'이라고 합니다. 아이한테 스트레스 내구력, 인내심, 참을성 등 좋은 걸 많이 키워주고 싶지 않나요? 그 좋은 힘들은 모두 아이가 기분이 상한 걸 참는 데서 비롯됩니다. 그래서 부모가 지시를 하고, 당연히 아이는 기분이 나쁘겠지만 기분 나빠 하는 시간을 부모가 기다려주는 겁니다. '너는 지금 이 시간을 통해서 인내심을 키우는 거야'라고 생각하면서요. 그런데 '우리 애가 기분 나쁘면 어떡하지' 하면서 부모가 안절부절못하면 훈육의 기능을 달성하기가 어려워요.

훈육의 본질

아이를 좌절시킨다 ➡ 아이가 좌절감을 견딘다 ➡ 자아의 힘이 커진다

한번은 이런 상담을 해온 분이 있었습니다.

"긍정적으로 아이를 바라보는 태도와 말이 중요한 건 알고 있습니다. 하지만 실상은 잔소리가 많아요. 아이가 하기 싫다고 하는 일이 점점 많아지다 보니 긍정적인 방향으로 전환이 어렵습니다. 매일 비슷한 문제로 몇 번이나 전쟁을 치르는 것이 너무 힘듭니다."

아이와 생활한다는 건 그야말로 일분일초를 같은 공간에서 같이

활동하는 지극히 현실적인 일입니다. 따라서 구체적인 단어와 표현을 사용하는 게 중요합니다. 그런데 아이를 긍정적으로 본다는 게 무슨 뜻일까요? '네가 이런 걸 잘하지 못하지만 엄마는 널 사랑해' 이런 의미겠죠. 그런데 긍정적으로 보는 것과 훈육은 별로 상관관계가 없습니다. 매일같이 애가 울고 안 한다고 소리 지르는데 그걸 긍정적으로 보는 건 인간이면 불가능합니다. '이게 웬 고생이야', '우리 애는 말을 왜 이렇게 안 듣지, 왜 이렇게 유난스럽지' 하는 생각이 든다고 나쁜 엄마인 건 아니에요. 오히려 자연스러워요. 그런데 엄마들이 이렇게 아이와 실랑이를 벌이다가 결국엔 자책감이나 무기력감에 빠지기도 해요. 이런 나날이 언제면 끝날지 아득해지는 거예요.

이렇게 생각해보세요. '오늘도 같은 일이 돌아왔구나. 내가 참 고생이야. 그렇지만 나는 오늘도 애 이를 닦일 거야. 왜냐하면 어제도 했거든. 난 참 대단한 엄마야.'

이게 정말 긍정적인 거죠. 긍정적이어야 하는 건 부모 자신에 대한 생각입니다. 아이는 말썽을 부릴 거예요. 기분 좋게, 화기애애하게 훈육하는 건 거의 불가능합니다. 훈육을 했는데도 아이 기분이 좋으면 사실 훈육의 효과가 없는 것일 수도 있어요. 부모는 인내심을 발휘하고 전략적인 생각을 계속해야 합니다.

부모 중에는 내가 억압받고 자라서 내 아이는 자유롭게 키우고 싶다는 분도 분명히 있을 텐데요, 훈육이라는 건 애들 입장에서는 이 세상에 나가서 사용할 수 있는 도구를 배우는 것이기도 해요. 훈육이라는 게 단순히 '내 아이를 이렇게 키우고 싶어'라는 개인적이고 감정적인 일로만 국한되는 게 아닙니다. 아이가 자라서 사회에 나와 평생 살아가는 기술의 기초를 마련하는 일이에요. 학습을 시작할 때 읽기, 쓰기를 제일 먼저 배우고, 이걸 토대로 교육이 이루어지듯 훈육을 충분히 받은 아이들과 그렇지 않은 아이들은 세상에 나왔을 때 쓸 수 있는 도구가 달라집니다.

저는 의과대학에 쭉 있어왔는데, 학생들을 보면 아는 교수한테만 인사하는 학생이 있고 모든 교수한테 다 인사하는 학생이 있어요. 이게 아무것도 아닌 것 같아도 사회적 평가에는 큰 영향을 줍니다. 직장에 다녀본 분이라면 다 이해할 거예요. 직장인이 아니어도 사람이라면 누구나 다른 사람들과 관계를 맺으며 살아가게 되는데, 그때 드러나는 사소한 태도나 행동이 인생의 성패에도 영향을 줍니다.

우리가 초등학교에서 중학교, 중학교에서 고등학교로 가면 수업시간이 점점 늘어나잖아요. 뭐든지 이렇게 단계적으로 견디고 성장을 해나가는데, 올리는 단계에서 아이가 싫어하고 저항하면 마음이 약해지는 부모가 있습니다. 그러나 이때 부모는 근육을 붙여주는 건 아이를 위한 것이라 생각하고 단호하게 해야 합니다. '이래 봤자 소용없구나' 하고 아이들도 빨리 포기할 줄 알아야 정서적으로도 편해집니다.

5

훈육의 목표는 좋은 습관 기르기

사람은 자기 조절 능력이 제로인 상태에서 세상에 나옵니다. 아이들은 완성이 되지 않은 상태에서 태어나서 점차 성장하는 존재입니다. 그러니까 미성숙한 부분이 많고 처음엔 하나부터 열까지 세심한 돌봄이 필요합니다.

이때 부모는 단순히 아이를 돌보는 것으로 끝낼 게 아니라 부모가 해주는 것을 아이 스스로 하게끔 가르쳐 좋은 습관을 갖추게 해야 합니다. 아이는 좋은 습관을 통해서 자신이 가진 능력을 최대한 발휘할 수 있게 됩니다. 그러므로 부모의 역할은 이런 아이들에게 좋은 습관을 형성시켜주는 것입니다. 아이들이 살아가는 데 필요한 기술을 습관으로 만들어주는 것이죠.

좋은 습관이 아이의 미래를 결정한다

영유아기에는 안정감의 발달이 가장 중요합니다. 엄마가 옆에 있으면 아이들은 안심하고 성장합니다. 엄마와 함께 있는 시간 동안 느끼는 안정감은 점차 습관이 되어 엄마가 잠깐 자리를 비워도 있는 것 같은 느낌을 갖게 됩니다. 영유아기의 안정감은 엄마와의 일체감과 애착 같은 것들이 근간이 됩니다. 그리고 걸음마를 시작하면 독립의 발달 과제를 갖게 됩니다. 그래서 무언가를 하려고 할 때 허용되는 범위 내에서는 자율적으로 해보면서 스스로 하는 습관을 갖게 됩니다. 더 성장해서 학령기가 되면 성장했다는 느낌과 유능감을 경험하고 이와 관련된 행동들을 습관으로 익혀야 합니다. 또한 청소년기에는 독립심과 정체감의 경험을 충분히 하고 습관으로 갖는 게 필요합니다.

습관은 사람의 본질이라고 생각합니다. 어떤 사람이 어떻게 생겼는지, 키가 얼마인지, 무슨 생각을 하는지, 이런 것들도 사람의 특징이지만 그 사람의 삶에서 가장 핵심적인 부분은 반복되는 행동이 아닐까요. 이 반복되는 행동이 바로 습관입니다.

이를테면 성실한 사람이 되고 싶어 하는 사람이 늘 지각을 한다거나 과제를 제때 못 내는 일이 반복된다면 어떨까요? 성실해지고 싶은 바람이 아무리 강해도 성실을 보여주는 행동을 하지 않는다면 아무도 그 사람을 성실한 사람이라고 생각하지 않습니다. 따라서 삶을 관통하는 그 사람의 핵심적인 본질은 다름 아닌 습관입니다.

그러면 좋은 습관을 만들기 위해서는 무엇이 필요할까요? 습관을 형성하는 가장 중요한 방식은 부모의 행동을 모델링하는 것이죠. 엄마 아빠가 하지 않은 행동을 아이가 할 수는 없어요. 그리고 엄마 아빠가 하지 않은 말을 아이가 따라 할 수도 없습니다. 일차적으로 아이는 주변 어른들의 행동을 이해하면서 세상에 대해서 배우고, 부모의 행동을 통해서 다양한 상황에서의 대처 방법을 알게 됩니다.

남편이 집에 와서 핸드폰만 본다며, 아이가 따라 할까 봐 걱정이라고 하는 분도 있어요. 저도 비슷한 고민을 했었습니다. 제 남편은 퇴근하면 TV 리모컨과 일체가 되다시피 했어요. 따라서 아이들에게 TV 보는 습관을 만들게끔 하는 환경이었는데 그 습관이 생기지 않게 내가 노력하면 아이들한테 시간이라는 선물을 주게 되겠구나 생각했습니다. 아이들이 보통 아빠보다는 엄마하고 있는 시간이 많잖아요. 거실에 TV가 있으니까 저는 안방에서 주로 생활을 했습니다. 아이들이 자기 할 일을 끝내고 나면 이제 저와 놀기 위해서 안방으로 와서 같이 놀았어요.

TV를 없애고 싶기도 했는데 남편의 휴식도 존중해줘야 하니 공간을 분리했죠. 아이 때문에 휴식을 못 취하게 하는 건 너무 팍팍하잖아요. 지금도 우리 집에는 TV가 거실에 없어요. 남편 혼자서 볼 수 있게 따로 TV 보는 공간을 만들었습니다. 우리 아이들도 TV를 좋아하긴 하는데 자랄수록 보고 싶은 것만 정해서 보더라고요. 늘상 TV를 켜놓는 습관을 만들어주지 않은 덕분인 것 같습니다.

물론 아이에게 바람직한 행동을 보여준다고 해서 바로 습관이 만들어지지는 않습니다. 습관이 만들어지는 가장 강력한 방식은 '반복'하는 거예요. 띄엄띄엄하면 습관화되기는 굉장히 어렵습니다. 세 번 중 두 번 정도를 같은 방식을 반복한다면 시간은 좀 걸리지만 아이들이 좋은 습관을 갖는 데 충분하다고 볼 수 있어요. 아이에게 좋은 습관을 만들려면 다음 세 가지에 유의하세요.

1 규칙을 만든다

대부분의 가정에는 이미 규칙이 있을 겁니다. 예를 들면 저녁을 먹고 나면 양치를 해야 한다는 규칙을 세우고, 아이에게 하라고 시키죠. 그런데 아이는 그걸 규칙이라고 생각하고 있나요? 규칙은 반드시 지켜야 한다고 생각하고, 그대로 따라야 하는 것으로 정해야 합니다. 저녁을 먹고 양치를 해야 한다는 규칙을 부모가 정했다면 귀찮고 싫어도 해야 합니다. 규칙은 아이가 어떤 행동을 배워야 하는지를 명백하게 알려주고, 계속 그 방향을 일깨워주는 역할을 합니다. 습관화되어야 한다고 생각하는 바로 그것을 규칙으로 정하세요.

규칙을 정할 때는 구체적으로 정해야 하고, 그걸 따르도록 하는 방법까지도 포함되어야 합니다. 아이가 사탕, 젤리, 초콜릿 등을 계속 달라고 조르는 경우가 많죠. 이때 부모가 "조금 먹어라, 그만 먹어라" 하는 것보다는 정해진 규칙이 있을 때 아이들은 더 잘 따릅니다. "이제 앞으로 하루에 츄파춥스 하나, 하리보 젤리 10개"처럼 구체적인 양을 정해야 해요. 예를 들어 하리보 젤리는 두 개의 사이즈가 있는데 작은 봉지인지, 큰 봉지인지까지 정해야 합니다. 안 그러면 실랑이가 벌어져요. 아이가 볼 수 있게 투명한 병 같은 데다가 하루 먹을 양을 넣고 그만큼만 먹도록 하면 좋습니다.

장난감을 사달라고 떼를 쓸 때도 마찬가지입니다. 마트 들어가기 전에 "오늘은 장난감 사는 날이 아니야"라고 예고를 해주는 것도 중요합니다.

양치질 같은 일도 계획을 짜놓으세요. 시계를 그려놓든 아니면 타이머를 해놓든 "우리 집에서는 8시에 이를 닦을 거야. 앞으로는 8시에 이를 닦자" 하고 5분 전에 예고합니다. "5분 후에 이 닦는 거야" 하고 예고를 하는 게 중요해요. 아이가 한창 놀고 있는데 갑자기 이 닦자고 하면 "조금만 더 놀고"라고 하게 되거든요. 예고를 해야 아이도 마음의 준비를 하고 놀이도 슬슬 정리를 하죠.

2 간단한 습관부터 시작한다

규칙은 합리적이고 아이 나이에 맞아야 하며 아이 성장에 맞춰서 융통성 있게 변해야 합니다. 아이가 어리거나 아이가 양치질 자체를 힘들어하면 일단 '욕실로 간다'는 첫 행동을 습관으로 만들어주는 게 좋아요. 그러면 '양치를 한다'보다는 좀 부담이 덜해요. 욕실에 가고 나면 그다음에 양치도 하고 세수도 하고 여러 가지 행동을 해야 하는 거죠. 일련의 행동을 쭉 해야 하는 경우 첫 행동을 시작하는 게 가장 어렵습니다. 그래서 첫 번째 행동을 단순하고 쉽게 만들어놓고, 일단 그 행동이 시작되면 이후에는 쭉 진행되게끔 하면 습관 만들기는 훨씬 수월해집니다. 예를 들어 장을 봐야 할 때 머릿속으로 무얼 사야 할지, 어디 가서 사야 할지를 고민하면서 시간을 보내는 경우가 있습니다. 그럴 때는 장보기 대신 마트에 가기를 첫 행동으로 하면 고민이 좀 더 줄어듭니다. 집에서 고민을 아무리 해도 마트에 가면 새로운 생각이 떠오르는데 그걸 모두 해결하고 가려면 장을 보러 가는 일이 버겁게 느껴집니다.

초반에 간단한 습관을 만드는 게 굉장히 중요해요. 간단한 습관을 여러 개 만들면 그다음에 복잡한 행동으로 연결될 수 있습니다. 예를 들어 등교 준비를 가르쳐볼까요? 일단 학교에 갔다 오면 알림장을 꺼내기, 시간표 보기 등의 행동을 하나씩 가르칩니다. 이런 행동들이 다 훈련되었다면 더 복잡한 행동으로 발전합니다. 좀 더 크면 "가서 세수하고 양치해"라고 얘기해야겠죠. 등교 준비도 "학교 갈 준비해"라는 한마디로 끝낼 수 있습니다.

3 상벌을 정한다

규칙을 정해서 말을 잘 들으면 좋은데 쉽지 않죠. 그래서 규칙을 정하고 따르게 할 때 상벌을 정해야 합니다. 가장 좋은 건 보상과 칭찬으로 가르치는 겁니다. 아이가 규칙을 지키려고 시도할 때부터 칭찬을 많이 해주세요. 양치질하기로 정한 시간이 되었는데 약속대로 아이가 양치질하겠다고 일어났다면 "스스로 일어났네? 잘했어. 이제 많이 컸구나" 하고 칭찬하는 거죠. 물론 규칙을 따르는 과정과 마무리까지 단계마다 칭찬해주는 게 좋습니다.

그래도 잘 안 되는 부분이 있다면 처벌도 같이 정해야 합니다. 처벌은 바람직하지 않은 행동을 통제하는 가장 강력한 수단입니다. 벌을 사용하지 않고 아이를 키울 수 있으면 좋지만 아주 순한 아이들 일부를 제외하면 칭찬과 보상만으로 행동을 통제하기는 어렵습니다. 장난감을 사주지 않기로 정하고 마트에 왔는데 떼를 쓴다면 물건 사는 걸 멈추고 사람이 적은 화장실 앞이나 층계참에서 떼쓰는 걸 멈출 때까지 기다리는 건 방법이 될 수 있습니다. 쇼핑을 중단하고 집으로 오는 것도 효과적인 방법입니다. 대신 쇼핑 가기 전에 '오늘 네가 떼를 쓰면 우리는 바로 집에 올 거야'라고 미리 말해주어야 합니다. 그러면 아이는 자기의 행동이 어떤 결과를 가져왔는지 분명히 알게 되어 이후로는 떼쓰는 행동이 줄어듭니다. 사탕을 계속 달라고 떼쓰는 아이에게는 얘기할 수 있겠죠. "오늘 엄마가 정해준 만큼 먹으면 내일 이 세 가지 중의 하나를 더 먹을 수 있어.

대신에 이걸 지키지 않으면 그다음 날엔 하나를 덜 먹어야 해." 양치질에 관해서도 이를 닦으면 그다음 날 간식을 하나 준다든지, 안 닦으면 엄마가 억지로라도 데리고 간다든지, 이런 식으로 정해놓고 반드시 그렇게 지켜야 습관이 빨리 만들어집니다. 상벌에 따라서 아이들이 분명한 결과를 받는 게 규칙이라고 할 수 있습니다.

4 흥미를 유발한다

칭찬에 더해 흥미를 유발해주면 좋습니다. 예를 들어 "와, 이를 너무 잘 닦는다. 엄마가 너 양치질하는 거 찍어줄까?" 하면서 동영상을 찍어주고 보여줄 수도 있습니다. 저의 경우에는 그림을 많이 그리는데, 〈겨울 왕국〉의 엘사가 양손에 치약과 칫솔을 든 그림을 그려서 상담센터에 오는 아이들한테 나눠줬어요. 애들이 엘사를 좋아하니까 양치질에 흥미를 느끼게 하려고 말이죠. 아이를 너무 강압적으로 끌고 가서 양치질을 시키면 양치질에 대해 나쁜 인상이 박힐 수 있습니다. 물론 너무 떼를 쓸 경우에는 적절한 육체적 통제도 필요하지만 우선은 흥미를 유발하려고 노력해보세요.

5 규칙은 일관되게 지킨다

규칙으로 정한 행동은 예외 없이 지키도록 해야 합니다. 이렇게 얘기하고 싶지만 100퍼센트 예외가 없는 건 사실 비현실적인 얘기입니다. 양치질 같은 경우 90퍼센트 이상 지켜야 하는 일이지만 간식 같은 건 70~80퍼센트 정도만 일관성을 가지려고 노력해도 됩니다. 너무 고지식하게 "절대 안 돼"라고 하지 말고 다섯 번에 한 번, 열 번에 한 번 정도는 "오늘은 특별히 선물을 줄게" 하면서 줄 수 있겠죠.

다만 일관성이 약할수록 습관을 만드는 데는 오랜 시간이 걸리고 습관이 흔들리기 쉽습니다. 따라서 해야 할 일을 일단 지시했으면 그 행동을 하게끔 하는 정도가 70퍼센트 정도는 되어야 지시와 훈육을 한 것입니다. 가정에서의 일상생활을 일관성 있게 이루어지게 하고 규칙적인 일과를 쭉 해나가면 아이들에게도 상당한 안정감을 주게 됩니다.

뭐든 첫 경험을 기분 나쁘지 않게 경험하는 게 중요합니다. 그러니 처음부터 무리하지 마세요. ① 규칙을 정한다, ② 지키면 칭찬한다, 우선 이 두 가지만 해도 됩니다. 이 정도만 해도 지금 하는 고생의 반 정도는 줄어들 것입니다.

행동 습관뿐 아니라 생각 습관도 신경써라

습관이라고 하면 주로 행동 습관을 많이 생각하는데 생각 습관도 굉장히 중요합니다. 이거 해볼까 하다가 '이게 되겠어?'라고 생각하는 분들 많을 거예요. 이게 바로 생각 습관입니다. '하면 재밌을 것 같은데 안 하는 것보다 낫지'라고 생각하는 습관을 가지면 사람들은 다양한 상황이나 성과에 대해서 도전하게 되고 실패하더라도 덜 좌절하게 될 거예요.

'나는 괜찮은 사람이야', '사람들은 나를 좋아해', '나는 도움이 될 수 있는 존재야', '내가 노력하는 만큼 되돌려받을 거야'라고 생각하는 게 인생에서 크게 도움이 됩니다. 무심코 "세상 살기 힘들어", "잘난 사람만 살아남는 세상이야"라고 말하는 어른이 많죠. 이렇게 시니컬하고 비관적인 얘기는 애들 앞에서 하지 않도록 조심하세요.

아이들은 스펀지같이 부모의 생각을 흡수합니다. 아이들이 컸을 때 아무리 고치려고 해도 생각의 습관으로 굳어버리면 고치기 힘듭니다. 우리 아이가 자기 자신이나 세상에 대해서 긍정적으로 생각하는 습관을 만들어주세요.

또한 행동 습관에서 가장 중요한 건 즉각적인 욕구나 감정에 따라 행동하기보다는 궁극적으로 이로운 행동을 하는 것입니다. 예를 들면 지금 사탕을 먹고 싶지만 이가 썩으니까 참는다든가, 지금 놀고 싶지만 미래를 위해서 노력한다는 식으로 바로 하고 싶은 걸 참고 궁극적으로 이로운 행동을 하는 것이죠. 이건 아이들뿐만 아니라 성인에게도 가장 중요한 행동 습관일 것입니다.

그리고 가급적 다른 사람들과 협력적인 관계를 맺는 행동 습관을 만들어주세요. 타인을 친절하게 대하는 습관, 목표를 위해 지속적으로 노력하는 습관, 매사 정직하고 진실되게 행동하는 습관을 가진 사람은 그냥 보기만 해도 믿음직스러울 것 같죠. 이런 습관을 자연스럽게 습득하도록 양육에서 이끌어준다면 사교육을 많이 시키거나 좋은 환경을 만들어주는 것보다 훨씬 좋은 것들을 물려주는 것입니다.

6

비언어적 메시지도 중요하다

가정에 소파 하나씩은 다 있을 겁니다. 그리고 소파 위에서 뛰어 보지 않은 애는 없을 것 같아요. 아이가 소파 위에 올라가면 불안해서 안 올라가는 게 좋겠다는 분도 있고, 내려오라 그럴 땐 빨리 내려오면 좋겠다 하는 분도 있습니다. 아이가 소파에 올라가고, 조금씩 뛰게 되면 부모는 뛰지 말라고 서너 번 좋게 얘기하다가 안 되면 화를 내게 되죠. 그러면 아이는 울음을 터뜨리고요. 부모 입장에서는 꼭 화를 내야 말을 듣는 아이가 이상하게 느껴집니다.

좀 다른 이야기를 할게요. 배추가 필요해서 시장에 갔어요. 먼저 값을 물어보겠죠.

"배추 얼마예요?"

"만 원인데요."

이거 좀 깎아서 살 수 없을까 하는 마음이 들었습니다.

"이거 8천 원에 안 될까요?"

"에이, 안 돼요."

"저 세 포기 살 건데요."

"8천 원에는 우리가 남는 게 없어요."

그런데 사장님이 말은 그렇게 하면서 배추를 비닐봉지에 넣어줍니다. 그럼 손님 입장에서는 8천 원에 주려나 보다 생각하게 돼요. 2만 4천 원을 내밀었더니 사장님이 벌컥 화를 냅니다. 손님은 좀 억울해요. 반면 사장님은 자기가 안 된다고 두세 번 말했는데 손님 마음대로 깎으려니 역시 화가 납니다.

이는 언어적 메시지와 비언어적 메시지가 일치하지 않으면서 생기는 갈등입니다. 사장님이 말로는 안 된다면서 행동으로는 깎아줄 듯 행동하는 바람에 손님이 오해한 데서 문제가 생긴 거죠.

화내지 않고, 천천히, 단호하게

부모하고 아이 사이에서도 마찬가지입니다. 아이가 소파에서 뛰는데 엄마가 "다치니까 내려와"라고 했어요. 엄마의 얼굴을 보니까 부드럽고 다정해요. 엄마 입장에서는 불안함을 참고 좋게 얘기한 거죠. 아이는 엄마의 비언어적 메시지를 보고 괜찮다고 생각했는데 엄마가 '갑자기' 화를 내니 놀라는 거예요. 엄마가 정색해서 우는 게 아니라 갑자기 돌변한 것 같아서 운다고 이해하면 됩니다.

감정이 포함된 의사소통을 할 때 사람들은 비언어적 메시지에 80퍼센트 주의를 기울이는 반면 언어 메시지에 집중하는 정도는 20퍼센트 정도입니다. 무슨 말을 하는지보다 사실은 그 사람의 태도, 말투, 눈빛 같은 게 더 중요한 거죠.

훈육에 있어서도 부모의 표정과 말투, 말에서 우러나오는 감정 등 비언어적 요소가 굉장히 중요합니다.

'이걸 그만두게 해야지'라는 결정이 섰으면 바로 표정과 어투를 바꿔야 합니다. 톤은 낮추되 말 속도는 천천히, 그렇지만 단호하게 말하세요.

애가 뛰고 있을 때 일단 가까이 가세요. "잠깐 엄마 좀 봐"라고 하면 아이 반응은 둘 중 하나겠죠. 계속 뛰든지 아니면 잠깐 멈춰서 엄마를 보든지. 어느 쪽이건 아이의 한쪽 어깨를 잡고 한쪽 손으로는 손을 잡고 "자, 이제 그만 뛰고 내려와"라고 하면 돼요. 굳이 화를 낼 필요 없이 단호한 어투로 말하면 됩니다.

물론 아이가 싫다고 할 수도 있어요. 그럴 때는 목소리를 높이지 말고 아이 어깨를 잡은 손에 조금 더 힘을 주면 돼요. "아니 지금 내려와"라고 하면서 3~5초 아이 눈을 똑바로 바라보면서 가만히 있어 보세요. 그러면 아이는 놀고자 하는 흥분이 식으면서 본능적으로 엄마 말을 따라야 한다는 걸 알게 될 겁니다.

많은 부모가 훈육을 좋은 말로 하려고 하죠. 말을 잘하기만 하면 아이가 말을 잘 들을 거라고 생각해요. 그리고 아이가 말을 안 들으면 '왜 우리 애는 안 되지. 내가 잘 못하나' 하고 생각합니다. 그러나 만 3~4세까지는 말만으로 안 되고 통제가 필요한 시기입니다.

제가 설명한 대로 한번 해보길 바랍니다. 갑자기 화를 낼 일이 없고 아이도 한 단계 성장할 수 있는 훈육 방법입니다. 다만 이걸 무수히 반복해야 합니다. 한 번에 되지 않습니다. 그리고 훈육하지 않는 시간에는 다정하게 대해주세요.

7

일관성은 중요하지만 집착하지 말자

많은 부모가 자녀교육서에 나오는 것처럼 아이를 타이르고 설득하고 원칙대로 하려고 애씁니다. 그러나 시간에 쫓기거나 마음이 바빠질 때는 갑자기 욱하고 화를 내게 됩니다. 그러고 나면 후회가 되고 아이한테 미안해서 다시 잘 타이르고 다정하게 대하죠.

다들 공감할 것입니다. 특히 워킹맘이라면 흔히 겪는 일입니다. 저도 마찬가지였던 것 같아요. 아침에 애를 흔들어 깨우고 어찌어찌 씻기고 옷도 입혔는데 밥을 먹으라고 하면 반쯤 감긴 눈으로 밥을 입에 물고만 있어요. 시간은 점점 다가오고 신발 신기려 하는데 애가 도중에 장난감을 만져요. 그리고 현관에 앉아서 마치 약 올리듯 천천히 발을 신발에 넣습니다. 결국 욱하고 나면 하루 종일 마음이 좋지 않습니다. 저녁에 자고 있는 아이를 보면서 '이렇게 이쁜 애한테, 내가 아침에 왜 그랬을까. 내일은 그러지 말아야지' 하고는 그다음 날이 되면 같은 일이 반복됩니다.

급박한 상황에서 자기감정을 자제한다는 건 웬만한 사람한테는 불가능합니다. 매일 후회를 반복하더라도 그냥 엄마로서 최선을 다하고 있다고 생각하세요. 욱하고 난 다음도 걱정이긴 합니다. 엄마가 같이 놀아주는 시간도 없고 아침마다 일찍 일어나서 엄마를 보는 시간이 짧은데 그 시간마저 혼이 나니까요. 마음에 상처를 입어서 위축되지는 않을까, 엄마에 대한 애정이 없어지지 않을까, 이런 걱정을 많이 합니다.

그러나 가족이라는 건 즐거운 일과 즐겁지 않은 일을 늘 함께하는 관계입니다. 갈등과 회복이 반복되는 고리입니다. 모든 아이는 엄마를 사랑하기 때문에 이 정도 일로 마음의 상처를 받지는 않습니다. 아이가 마음 상하지 않을까 걱정을 하는 것만으로도 좋은 엄마라고 할 수 있어요.

엄마가 화를 냈다가 다정해졌다 하니까 아이가 엄마를 이중인격으로 보진 않을지, 혼란스러움을 느끼지 않을지 걱정하는 사람도 있습니다. 하지만 그 정도 상황은 아이한테 존재의 혼란을 주진 않습니다. 아이가 조금 더 커가면서 '엄마가 이러는 게 다면적인 인격을 가져서가 아니라 상황이라는 단서가 있는 거구나' 하는 걸 알게 될 겁니다.

저희 남편 같은 경우는 저녁 아홉 시쯤 화를 내는 경우가 많아요. 반복적으로 그 일을 겪은 뒤에 통찰이 생겼습니다. 배가 고파서 기분이 나빠진 것이더라고요. 어떤 상황이 어떤 결과를 갖고 온다는 걸 아이들도 점차 배워야 합니다. 엄마의 감정과 행동과 상황, 이 세 가지를 연결하는 아주 복잡한 사회적 능력을 개발하게 됩니다. '엄마가 이럴 때는 몸이 피곤해서 화를 내는구나'라는 것을 아이가 안다는 건 우리 아이가 성장하고 있다는 것, 사회적으로 발달하고 있다는 뜻입니다. 아주 고급스러운 훈육을 한다고 생각하면 위로가 될 겁니다. 아이들도 사회생활을 배워야 하니까요.

일관성과 융통성 사이

그래도 일관성을 가지고 훈육하고 싶다고 생각하는 분이 있을 겁니다. 훈육에서 일관성이라는 말은 많이 나오는 이야기입니다. 물론 가르치기로 한 건 물러서지 않고 일관성 있게 가르쳐야 합니다. 예를 들어 옷 입기를 가르친다고 해봅시다. 아이가 어렸을 때는 당연히 엄마가 입혀줘야 합니다. 그러다 아이가 세 살쯤 되면 아이한테 옷 입기를 가르치기 시작해야 합니다. 아이한테 "네가 옷 입어봐"라고 하면 아이가 스스로 입을 때도 있고 안 입을 때도 있잖아요. 안 입는다고 입혀주면 일관성이 떨어지는 거예요. 아이가 느낄 때 '이게 내 일이구나. 내가 해야 하는 거구나'라고 느끼게 해야 일관성이 있는 거죠. "이제부터 네가 신어" 하고 양말을 주고, 그다음에는 "바지는 네가 입어"라고 하면서 간단하지만 아이가 할 수 있는 일을 반복적으로 시켜야 일관성이 있는 겁니다.

그런데 일관성을 지키려다 보면 강박적으로 집착하는 일이 생깁니다. 옷 입기를 가르친다면 어떤 상황이든 매일 일관성 있게 혼자 옷을 입도록 시켜야 할까요? 때로 너무 시간이 촉박하면 엄마가 입혀줄 수도 있죠. 또 일관되게 아이 마음을 읽어주겠다고 등교 시간이 5분밖에 안 남았는데도 "그래, 너는 신발을 신고 싶지 않구나"라고 해야 할까요? 그것도 우스운 일이죠. 상황에 따라 다르게 훈육하는 것도 굉장히 자연스러운 사회적 현상을 가르쳐주는 것입니다.

현실적으로 우리가 지킬 수 있는 일관성은 70퍼센트 정도라고 생각해요. 10번 중에 6~7번은 부모가 정한 대로 하고 2~3번은 그때그때 봐서 하는 거죠. 이런 걸 비일관성이라고 하지 않고 융통성이라고 합니다. 엄마도 상황에 따라서 다르게 아이한테 반응할 수 있습니다. 아이가 이런 복잡성을 배워나가기 위해서는 부모의 비일관성이나 비합리성도 의미가 없다고 할 수는 없습니다. 이런 학습 과정을 통해 아이는 나중에 사회생활에서 훨씬 더 성숙한 어른으로서 살아갈 수 있을 겁니다.

8

훈육할 때 피해야 할 말

아이가 지시나 규칙을 따르지 않을 때 쓰지 말아야 할 말이 있습니다.

첫 번째는 '나쁜'이라는 단어입니다. "나쁜 행동 하면 안 돼." 이렇게 말을 많이 하잖아요. "나쁜 짓을 했으니까 혼나는 거야." 이 '나쁜'이란 단어는 가급적 쓰지 않아야 합니다. '나쁜'이라는 단어에는 구체적인 내용이 안 담겨 있거든요. 그러니까 다 자기 마음대로 생각을 하게 되죠.

예를 들면 상사가 "왜 이렇게 나쁜 짓을 했어" 이러면 어떨 것 같습니까? 힘이 있는 사람이 힘이 없는 사람한테 "네가 나빴어" 이렇게 하면 일단 아랫사람은 무조건 겁을 먹게 돼 있죠. 마찬가지로 아이들에게 '나쁜'이라고 하면 아이들이 막연한 불안과 죄책감을 느낄 수 있어요.

따라서 '나쁜'이라는 단어는 가급적 쓰지 말고 구체적으로 예를 들어서 말하세요. 나쁜 행동을 하려고 한다면, 예를 들면 물건을 던지려고 할 때 "나쁜 행동 하지 마"가 아니라 "물건 던지지 마"라고 해야 한다는 거죠.

엄마들이 많이 쓰는 말이 또 있습니다. "너 왜 말을 안 들어?" 이렇게 많이 말하죠. 그냥 혼내는 말이지 정말 그게 궁금해서 물어보는 게 아니잖아요. "왜 안 해?" 그런데 화가 많이 나면 계속 '왜'에 집착합니다. 솟구치는 분노를 합리화해서 표현하는 방식인 것이죠.

아이의 '두려움'을 이용하지 마라

다음으로는 "엄마 너랑 말 안 할 거야"입니다. 아이가 말을 안 듣거나 규칙을 어길 때 "하지 마. 너 그거 하면 엄마 너랑 말 안 해"라고 하는 경우가 있습니다. 화가 난다고 밤까지 말을 안 하겠다거나 심지어 일주일간 말을 안 하겠다고 아이를 협박하기도 합니다.

말은 관계입니다. "앞으로 너랑 말 안 해"라고 하는 건 무슨 뜻인가요? 가족이 매일 서로 보며 사는데 말을 안 하는 건 어렵잖아요. 그러니까 이 말은 '보지 말자', 즉 관계를 끊자는 뜻이 됩니다.

사실 아이들은 말 안 한다는 게 무슨 뜻인지 잘 몰라요. 그리고 대부분의 엄마는 그렇게 말해놓고 얼마 안 있어서 아이와 말을 할 거예요. 이 말은 일단 지킬 수 없다는 면에서 효과가 없습니다.

아마 초반에는 몇 분간이라도 말을 안 하겠죠? 그러면 애가 어떻게 할까요? 엄마 옆에 계속 알짱거릴 거예요.

엄마가 말을 안 한다면 아이는 어떨까요? 엄마는 애착 대상인데, 애착 대상이 나하고 상호작용을 안 하면 애는 확 무서워집니다. 나이가 어릴수록 더 빨리 더 심한 불안을 느낍니다.

그러니까 어느 시기까지는 이 말이 효과가 있어요. '내가 이렇게 하면 엄마가 사라질지도 몰라'라고 생각하고 말을 듣죠.

그런데 관계를 끊겠다는 건 협박이에요. 부모 자식 간에 말을 안 하는 건 보통의 처벌보다 훨씬 더 강한 거죠. 보통 연애할 때 "우리 헤어져"라고 하거나 부부끼리 "이혼해" 같은 말을 자주 하면서 안 헤어지면 상대가 그런 말을 할 때 헤어지는 게 무서워서 생각을 바꾸기보다는 '사소한 일로 저런 말까지 하는 미숙한 사람이구나' 하면서 기분만 상하게 됩니다. 그런데 애들은 부모와의 관계가 첫 관계이기 때문에 이 정도의 말만으로도 버림받은 느낌을 받을 수 있습니다. 그래서 말을 들었는데 엄마가 자신이 한 말을 잊어버리고 아무렇지도 않게 아이와 이야기하면, 아이는 엄마가 실행하지 않을 거면서 협박을 한다고 생각해 부모에 대한 신뢰만 떨어지게 되고 다른 말도 믿지 않게 됩니다.

제가 어릴 때를 돌이켜보면 "너 다리 밑에서 주워 왔는데 다시 갖다 버린다"라는 얘기를 하는 어른들이 많았어요. 애들은 정말 그걸 있는 그대로 다 받아들이잖아요. 저도 막 울었던 기억이 나요. 친엄마가 어디 있을까 되게 오랫동안 생각했고 왜 나를 데리러 오지 않을까 생각하면서 슬퍼했어요.

지금도 "너 갖다 버릴 거야", "엄마 나가버릴 거야"라는 협박을 하는 엄마들이 있습니다. "너 엄마 딸 아니야"도 있죠.

그다음으로 하지 말아야 할 말은 "네가 말을 안 들어서 엄마 아파"라거나 "아플 거야"라는 것입니다. 사람은 실제로 아플 수도 있고, 아픈 게 고통스럽다는 건 어린아이도 알고 있습니다. 나 때문에 사랑하는 엄마가 아프다고 하면 아이들은 말할 수 없이 큰 죄책감을 느낍니다. 더 문제가 되는 건 아이와 아무 상관 없이 엄마가 아플 때도 아이는 자기 때문이라고 생각한다는 거예요. 죄책감 과잉 상태가 되는 거죠.

엄마가 아이랑 실랑이한 뒤에 우는 것도 아이에게 정말 좋지 않습니다. 아이는 엄마 하나 믿고 세상을 사는데 그 엄마가 운다면 자기 때문에 운다고 생각해요. 이를테면 맹수들이 득시글거리는 정글 투어를 갔는데 정글 한가운데에서 가이드랑 싸웠어요. 가이드가 "기분 나쁘니까 차에서 내려"라고 하면 어떻겠어요? 가이드도 차도 없다면 맹수에게 물려 죽을 게 뻔한데 얼마나 무서울까요. 아이는 그처럼 엄마의 말 한마디에 두렵고 막막한 감정을 느낍니다.

앞서 소개한 것처럼 단호하고 적절하게 지시 혹은 명령을 하면 될 일을 왜 아이의 마음이 상하게 협박을 하나요? 아이가 하기 싫은 일을 시켜 힘들게 하는 것과 협박으로 아이를 두려움에 몰아넣는 것은 다릅니다. 협박이 효과가 있으려면 협박의 내용을 아이가 사실로 받아들여야 합니다. 사소한 잘못을 할 때마다 머릿속에서 벼락이 울리고, 올해는 산타가 안 오고, 도깨비가 잡으러 온다는 생각을 하는 게 아이들의 정신건강에 얼마나 해로울지 생각해보면 협박은 공포를 근간으로 한다는 걸 이해할 수 있습니다. 그러므로 좀 더 구체적이고 명확한 단어를 사용해 잘 지시하는 법을 부모가 먼저 연습합시다.

9

화내지 않고 문제 행동을 바로잡는 '타임아웃'

아이들의 행동을 통제할 때 부모가 하지 말라고 해서 아이들이 그 행동을 하지 않는다면 아이들이 아니겠죠. 여러 번 말했는데도 행동을 그치지 않으면 어떤 방법을 쓰나요? "하지 말라고 했지!"라고 소리 지르다가 화를 내고 "너 안 되겠다. 맞아야겠다"까지 가기도 합니다. 호랑이 온다, 귀신 부른다 등의 방법을 쓰기도 하죠. 그러나 이처럼 겁을 주거나 불안하게 만들어서 통제하는 건 별로 효과가 없습니다. 겁을 먹는 것도 그때뿐이지 근본적인 행동 교정이 되지 않습니다.

그래서 아이를 통제할 때 타임아웃을 이용하기를 권합니다. 스포츠 경기에서 경기를 중지시킬 때 "타임아웃"을 외치는 걸 흔히 볼 수 있죠. 이것을 가정에 적용하는 거죠. 부모가 하지 말라는 행동을 아이가 했을 때 행동을 일시적으로 정지시키고 활동을 중지시키는 겁니다.

우리가 학교 다닐 때 말썽을 일으키는 학생이 있으면 선생님이 교실 뒤에 가서 서 있게 할 때가 있었죠. 복도에 나가라고 하기도 하고요. 이것도 똑같은 원리입니다. 수업에 참여하지 못하고 친구들과 상호작용하지 못하게 하는 거죠. 이를 통해 학생은 '내가 규칙을 어겼구나'라고 자각하고, 만약 흥분 상태라면 흥분을 가라앉히며, 반성도 하게 됩니다.

행동을 일시 정지시키는 '타임아웃'

타임아웃의 핵심은 아이가 싫어하는 불안이나 공포를 부여하는 게 아니라 아이가 좋아하는 활동을 잠깐 멈추게 하는 겁니다. 어린 아이일수록 쉴 새 없이 움직여야 하는데 못 움직이게 하면 지루해하고 힘들어합니다.

타임아웃을 한다는 건 단순히 신체적으로 잡는다거나 자기가 뭘 잘못했는지 말하게 하는 게 아닙니다. 의자에 묶어두는 게 목적도 아니고요. 어떤 행동을 하면 일정 시간 못 놀게 된다는 걸 경험하면서 그 행동을 하면 안 된다는 걸 배우는 겁니다.

타임아웃을 처음 시도할 때는 힘들 수 있습니다. 아이가 심하게 거부할 수 있기 때문이죠. 의자에 앉기 싫다고 소리치고 울고불고 할 수 있어요. 이때 부모가 아이를 잡아서 의자에 강제로 앉히고, 그러면서 물리적인 대치 상태가 일어날 수 있죠. 이런 일들이 벌어지는 가운데 포기하는 부모도 많습니다. 그러고는 타임아웃은 효과가 없다거나 너무 강압적이라고 말하기도 합니다.

하지만 타임아웃은 잘만 하면 매를 들거나 소리치는 일을 하지 않으면서 아이를 훈육할 수 있는 가장 좋은 방법입니다. 부모가 타임아웃을 익숙하게 이용할 줄 알면 평화롭게 아이를 통제할 수 있습니다.

예를 들어 아이가 둘인데 서로 치고받고 싸운다면? 이때도 타임아웃을 외칠 수 있습니다. 자리를 두 개 만들어 각각 떨어져 앉아 있게 합니다. 저도 아이들이 어렸을 때 타임아웃을 썼습니다. 큰애가 다섯 살이었을 때 한 두어 번 썼더니 그다음부터는 "너 저기 가서 앉아 있어야 해"라고 하면 대부분 말을 듣더라고요. 다만 아이가 의자에 앉아서, 혹은 방에 들어가서 계속 심하게 울 수 있는데, 아이 상태를 잘 살펴야 합니다. 방치가 아니라 관찰을 하면 그건 학대가 아니라 관리입니다.

문제 행동이 일어났을 때 가능하면 초반에 타임아웃을 적용하는 게 좋습니다. 시간이 지난 후에도 적용할 수 있지만, 아이가 진정하고 자리에 앉기까지 시간이 좀 더 오래 걸립니다. 방법은 아이 나이에 따라 조금씩 달라집니다. 아이가 걷기 전이라면 의자에 앉히는 대신 안아서 1분 정도 못 움직이게 하면 효과가 좋습니다. 걸을 수 있을 때는 스스로 의자에 앉게 합니다. 초등학교 저학년 정도가 되면 문 닫고 방에 들어가 있으라고 해도 됩니다. 단 아이가 방 안에서 나오지 못하는 걸 싫어해야 합니다. 방 안에 놀 거리가 많아 심심하지 않으면 방에 있도록 하는 방법은 효과가 없습니다.

이제부터 좀 더 자세하게 타임아웃 방법을 알아보겠습니다. 아이가 물건을 집어던지는 상황을 예로 들어보겠습니다.

1 처음 문제 행동이 발생했을 때

우선 아이 눈을 맞추고 단호하게 하지 말라고 얘기합니다. 아이가 눈을 맞추지 않는다면 어깨를 잡아서 눈을 맞추세요. 세 살만 되어도 알아듣습니다. 저의 경우는 "안 돼"라고 할 때 손가락으로도 엑스를 만들어서 확실하게 전달했어요.

2 세 번까지는 말로 경고한다

다시 던졌다면 "엄마가 말한 대로 하지 않으면 여기 앉아 있어야 해" 하고 의자 앞에 5초를 세웠다가 놓아줍니다. 세 번째로 던지려고 하면 다시 잡고 "엄마가 말한 대로 하지 않으면 여기 앉아 있어야 해" 하고 5초를 세고 아이를 놓아줍니다.

3 세 번 이상 반복되었을 때

"엄마 말을 안 들었으니까 너 여기 앉아야겠다" 하고 의자에 앉힙니다. "엄마가 내려오라고 할 때까지 내려오지 마"라고 하세요. 좀 큰 아이들은 앉지 않으려고 할 텐데 이때는 할 수 없이 손이나 팔을 잡고 억지로 앉혀야 합니다. 많은 부모가 화가 나면 소리 지르고 심지어 때리면서도, 부모가 이성적인 상태에서 하는 이 통제는 내가 너무 강압적인 건 아닌가 하고 생각하는 것 같아요. 하지만 마음 약해지지 말고 이 단계를 잘 넘겨야 합니다.

4 의자에 앉힌다

보통은 아이 나이만큼 앉혀놓으라고 합니다. 다섯 살은 5분이 되겠죠. 다섯 살인데 5분을 끄떡없이 앉아 있는 아이들이 있어요. 그러면 두 배, 10분 동안 앉아 있도록 합니다.

스톱워치를 사용하는 것도 방법입니다. 한 시간짜리 스톱워치를 만 원이면 살 수 있습니다. "시곗바늘이 여기에 올 때까지 앉아 있어"라고 말합니다. 시간이 되면 알람이 울려요. 그럼 가서 "아까 엄마가 던지지 말라고 그랬지? 이제 그렇게 안 할 거지?"라고 확인하고 아이가 "네"라고 하면 의자에서 내려오게 합니다. 마지막으로 "안 던진다니까 엄마가 너무 좋아. 잘했어" 하고 칭찬해주면 됩니다.

5 "네"라고 대답하지 않을 때

"이제 안 그럴 거지?"라고 했는데 아이가 대답을 안 할 수 있습니다. 이건 반발하는 거예요. 계속 던지는 걸로 반발했다면 이번에는 말하지 않는 방법으로 반발을 하는 거죠. 그러면 "네가 대답할 때까지 여기 더 앉아 있어야 해"라고 했는데도 대답하지 않으면 "5분 더 앉아 있어"라고 합니다. 5분 후에 다시 가서 묻고 대답한다면 4번처럼 칭찬으로 마무리, 대답을 하지 않는다면 '5분 더'를 반복합니다.

어렵지 않죠. 그런데 엄마나 아이가 초반에 적응하는 시간이 오래 걸릴 수 있습니다. 이 훈련이 안 되는 애들이 제 상담실에 오면 타임아웃을 제대로 하는 데 한 시간이 넘게 걸리는 경우가 많습니다. 여섯 살인 어떤 아이는 그냥 팔다리를 버둥거리는 게 아니라 몸을 활처럼 휘어서 잡을 수도 없었어요. 이처럼 아이가 너무 크거나 힘이 세서 엄마가 힘들면 아빠가 같이 있을 때 하면 됩니다. 또 "우리 아이는 여덟 시간 동안 계속 반발을 했다"라고 말하는 엄마도 있는데 사실 여덟 시간을 우는 아이들은 없어요. 중간에 아이를 계속 자극했을 가능성이 큽니다. 초반에 격렬하게 저항하는 건 어느 아이나 그럴 수 있으니 우리 아이만 그렇다고 걱정하지 않아도 됩니다. 포기하지 않고 두세 번쯤 더 하면 거부하는 것도 현저하게 줄어듭니다. 아무리 거부해도 결국엔 의자에 앉아 있어야 한다는 걸 알게 되면 괜히 반발하면서 시간을 끄는 게 별 의미가 없다는 걸 아이도 느낍니다.

일단 앉은 후에도 아이는 마음대로 움직일 수 있어요. 이렇게 되면 타임아웃이 제대로 되지 않는 거죠. 그래서 어린아이는 초반에 의자에서 좀 잡고 있는 게 필요합니다. 아이가 일어날 수 없게 팔이나 어깨를 잡으세요. 좀 큰 애인데 자꾸 일어난다면 "일어날 때마다 5분씩 늘어날 거야"라고 말하고 반드시 그 말대로 시간을 늘리세요.

아이의 부정적 반응에 대처하는 방법

대부분의 아이들은 어떤 식으로든 불만을 표현합니다. 엄마가 너무 한다느니 잘못한 게 없다느니 할 텐데 여기에 대답하면 엄마가 말려드는 것입니다. 그 말에 대꾸하면 아이가 또 말하고 엄마가 반응하면서 타임아웃의 본질이 사라집니다. 그냥 실랑이하게 되는 거죠. 그래서 아이가 무슨 말을 하든 처음에는 무시하세요. 너무 심하면 "너 지금부터 말하면 5분 더 앉아 있어야 해"라고 하세요.

꼭 의자가 아니라 방석이나 계단도 괜찮습니다. 공공장소라면 화장실 앞이라든지 사람이 없는 곳을 택하면 됩니다. 앉아 있는 위치도 중요한데 아이 시야에 뭔가 재미있는 게 있으면 안 돼요. 만화가 틀어져 있다든지 동생들이 놀고 있다든지 하면 안 됩니다. 모퉁이의 벽 보고 앉기 정도가 제일 좋은 것 같아요. 방에 들어가 있으라고 하면 방에서 혼자 노는 경우도 있어요. 중요한 건 장소가 어디건 아이를 지루하고 심심하게 만들어야 한다는 겁니다.

그리고 이런 애들 꼭 있어요. 타임아웃 중간에 물 마시고 싶다든지 화장실에 가고 싶다고 합니다. 이때 물을 마시게 해주면 타임아웃을 할 때마다 물을 마신다고 합니다. 화장실에 가고 싶다는 것도 마찬가지예요. "그럼 화장실만 갔다 와"라고 하면 화장실에서 안 나옵니다. 타임아웃을 해봤자 5~10분이기 때문에 목마름이나 화장실을 참을 수 없는 시간은 아니거든요. 그러니까 "아니, 이거 다 끝나고 갔다 와"라고 하세요.

그 외에도 아이들이 온갖 핑계를 다 대요. "토할 것 같아요", "배가 고파요"…. 저는 조는 애도 봤는데 그럼 깨워야 합니다. 아이들은 의자에 앉아 있는 타임아웃에 어떻게 해서든지 저항을 해요. 이때 흔들리면 안 됩니다.

의자에 앉아 있긴 한데 중얼중얼하는 아이도 있습니다. 혼잣말을 하더라도 거기 앉아 있는 걸 싫어하면 괜찮아요. 만약 즐거워하는 것처럼 보이면 시간을 늘리거나 계속 말하면 5분씩 늘어날 거라고 경고하면 됩니다. 또한 의자에 앉아 있을 때는 다른 사람과 상호작용을 할 수 없어야 해요. 상호작용을 하지 않아야 의자에 앉아 있는 것만으로 효과를 볼 수 있습니다. 부모가 계속 말을 걸면 아이는 지루하지 않고 부모가 관심을 준다고 느껴요.

상황이 끝났을 때 "하하" 하고 웃는 아이도 있어요. 이건 그 상황을 없는 것으로 만들고 싶은 심리입니다. 엄마의 지시에 따라야 하는 분위기가 되었는데 그걸 아이가 흐트러뜨리고 싶은 거죠. 이때 역시 "웃으면 5분 더 앉아 있어야 해"라고 하면 됩니다. 쉽지는 않지만 원리를 파악하면 엄마가 상황을 통제할 수 있습니다. 뭔가 잘못하면 의자에 앉아야 하고, 아이는 그 시간 동안 충분히 지루하고 싫어야 합니다.

타임아웃을 통해 엄마가 지시하면 듣는다는 하나의 학습 회로를 아이 머릿속에 만들어줄 수 있습니다. 타임아웃을 하면 '이 행동은 하지 말라는구나'라는 걸 배우고, 끝난 후 칭찬을 해주면 "앞으로 잘할게요"라고 할 때 칭찬을 받는다는 걸 배우게 됩니다. 그러면서 아이의 행동이 더 빨리 교정됩니다.

10

보상으로 행동을 강화하는 스티커 제도

아이들의 문제 행동은 두 가지로 나뉠 수 있습니다. 첫째는 하면 안 되는데 하는 행동, 둘째는 해야 하는데 하지 않는 행동입니다. 앞서 소개한 타임아웃은 하면 안 되는 행동을 했을 때 적용하는 방법입니다. 그럼 해야 하는데 하지 않는 행동은 어떻게 시키면 좋을까요? 이때는 상을 주는 방법을 쓸 수 있는데, 스티커를 활용하는 방법을 권합니다. 이걸 저는 '스티커 제도'라고 부릅니다. 쉽게 말해, 좋은 행동을 하면 스티커로 보상해주는 거죠.

스티커와 타임아웃을 중요하게 생각하는 이유는 이것이 사람으로 하여금 뭔가를 하게 만들거나 하지 않게 하는 동기화의 기본이기 때문이에요. 사람은 그 행동을 했을 때 좋은 결과가 나타나면 그 행동을 또 하게 마련입니다.

그럼 스티커 제도를 어떻게 활용하는지 알려드리겠습니다.

1 스티커와 스티커 달력 만들기

스티커와 스티커 달력을 만들어야 하는데 어렵지 않습니다. 시중에 예쁜 스티커가 많이 나와 있지만 가능하면 심플한 스티커가 좋습니다. 아이가 좋아한다고 해서 복잡한 스티커를 사용하면 나중에 세기가 힘들어요. 동그라미나 네모 같은 심플한 스티커를 사용하세요.

예를 들어 다양한 색깔의 원 스티커가 있으면 그 색깔을 점수로 활용해도 됩니다. 노란색은 10점, 주황색은 20점, 빨간색 스티커는 30점처럼 말이죠. 색깔이 진할수록 점수를 많이 받는 거죠. 이처럼 네다섯 살짜리도 이해할 수 있게 해야 합니다.

달력은 칸이 큰 달력을 사용하면 됩니다. 스티커를 붙일 자리만 충분하면 됩니다. 그리고 아이에게 설명을 해줍니다.

"앞으로 네가 좋은 행동을 하면 그때마다 엄마가 스티커를 줄 거야. 스티커가 모이면 네가 원하는 상을 받을 수 있는데 어떤 행동을 해야 할지, 얼마나 모아야 상을 줄지는 엄마가 정해줄 거야. 상은 네가 좋아하는 걸 받을 수 있어. 그건 엄마하고 의논해서 정해야 해"라고 하면 됩니다.

아이가 여럿이라면 서로 비교하지 않도록 스티커 판을 각각 다른 데다가 붙여주는 게 좋습니다.

2 상의 목록 정하기

상은 아이들이 좋아하는 것으로 줘야 하니 아이마다 달라지겠지만 보편적으로 다음 세 가지로 나눌 수 있습니다.

① 물질적 보상: 장난감, 간식
② 활동 보상: 놀이공원 가기, 축구, 게임
③ 사회적 보상: 상장받기

이 중 가장 쉽게 줄 수 있는 게 물질적 보상입니다. 스티커를 10개 모으면 장난감이나 간식을 사줄 수 있겠죠. 예전에는 물질적 보상의 효과가 아주 컸어요. 피자나 짜장면을 사주겠다고 하면 기를 쓰고 모으는 아이가 많았습니다. 그런데 요즘 아이들은 결핍감이 별로 없어요. 장난감도 웬만큼 갖고 있고 조부모님을 조르면 금방 가질 수도 있죠. 간식은 더 말할 필요도 없이, 조르지 않아도 이미 냉장고에 있는 경우가 많아요.

그런데 자신의 행동과 관련 없이 많은 게 주어지면 좋은 행동을 할 동기가 떨어집니다. 엄마가 간식을 많이 사다 놓고 먹이는 것보다는 스스로 스티커를 모아서 먹게 되면 아이들이 보람과 성취감을 느끼고 간식도 더 맛있게 먹습니다. 그러니까 아이한테 너무 풍족한 환경을 제공해서 동기를 떨어뜨리고 있지는 않은지 생각해봤으면 합니다.

예전보다 더 효과가 있는 게 활동 보상입니다. 특히 게임이죠. 모든 아이가 게임을 원합니다. "내일 게임 10분 더 하게 해줄게" 같은 게 보상이 됩니다. 물론 게임은 통제해야 하는 행동이기도 해서 다른 보상이 있으면 그것을 쓰고, 이것 외에 아무것도 보상이 되지 않으면 그 한계를 이해하고 조심스럽게 사용해야 합니다.

마지막으로 사회적 보상은 '상장받기'라고 했지만 핵심은 칭찬입니다. 어른들도 회사에서 보너스를 받는 것도 좋지만 상패 같은 것을 받아도 인정받는 느낌이 들고 굉장히 뿌듯하잖아요. 아이들에게도 물질적 보상뿐 아니라 사회적 보상도 동기가 됩니다.

아이와 상의해서 어떤 상을 줄지 정하세요. 제 아이들은 학교에 가기 시작하니까 용돈을 가장 좋아하더라고요. 너무 과도한 상을 주는 건 좋지 않습니다. 앞서 결핍감에 관해 설명했죠. 아이 나이에 적합하고 아이가 기뻐할 만한 상을 정하세요.

3 고치고 싶은 행동이나 해야 할 일을 목록 정하기

이 목록은 1~3개에서 시작하고, 처음에는 아주 쉬운 것으로 시작해야 합니다. 이를테면 벗은 옷을 빨래 바구니에 넣기, 사탕 껍질 갖다 버리기, 양치질하자 그럴 때 바로 가기 등을 실행하면 스티커를 주는 겁니다. 어린아이들은 아직 시간 개념이 없어서 약속을 지키지 못할 수도 있어요. “몇 시에 뭐 해”라고 해도 그 시간이 됐는지 모르는 거죠. 그래서 아이들이 특별히 신경 안 써도 바로 할 수 있는 매우 쉬운 일에 대해 스티커를 줍니다. 이걸 한두 달 계속해야 아이가 스티커에 대해서 긍정적인 감정을 갖게 돼요.

이 목록 중에는 쉬운 것도 있고 어려운 것도 있을 거예요. 어려운 건 점수를 더 많이 주면 됩니다. 예를 들면 양치질을 하라고 해도 바로 욕실에 들어가기 쉽지 않죠. 이때 아이가 바로 일어나서 욕실로 가면 10점짜리 스티커 하나를 주는 거예요. “와, 엄마가 말하니까 바로 들어가네. 여기다 스티커 하나 붙일게” 하면서 스티커를 붙여주는 거죠.

휴대폰 게임을 정해진 시간에 끄는 것도 어렵죠. 그런데 약속한 시간에 딱 껐다면 20점짜리 스티커를 주는 거죠. 그리고 20점을 모으면 다음 날 게임을 10분 더 하게 해줄 수 있어요. 이렇게 스티커가 상으로 바로 연결되니까 아이가 규칙을 더 잘 지키게 됩니다.

이런 식으로 아이가 잘하지 못하는 행동들을 생각해보고 목록을 작성한 다음 점수를 배정해보세요.

① 양치질하라고 하면 바로 욕실 들어가기(10점)
② 휴대폰 게임을 정해진 시간에 끄기(20점)
③ 8시 전에 숙제 끝내기(30점)

④ 갈아입은 옷을 빨래 바구니에 넣기(10점)

4 점수 계산하기

아이가 하루에 대략 몇 점을 얻을 수 있는지 생각해보세요. 아이가 31개월이 넘으면 '오늘 이걸 하면 내일 상을 받을 수 있어' 같은 시간의 조망이라는 능력이 생깁니다. 그래서 3~4세쯤 되면 이틀에 한 번 상을 주는 게 좋습니다. 초등학교 저학년까지는 한 3~4일 스티커를 모으면 상을 받을 수 있게 해주는 게 좋아요. 저학년은 일주일에 두 번, 4학년이 넘어가면 일주일에 한 번으로 상의 개수를 조정하면 됩니다. 스티커 항목이 빨래 바구니에 빨래 갖다 넣기라면, 이 행동을 하루에 세 번은 할 것 같죠. 스티커를 10개 모으면 상을 주기로 한 경우 3~4일이면 모을 수 있게 됩니다.

일주일 안에 한 번은 상을 받을 수 있게 하는 게 좋아요. 작은 상을 자주 주는 거죠. 아이들한테 상은 즐거운 흥분을 주기 때문에 이 자극이 자주 와야 스티커에 대해 계속 좋은 감정을 갖게 됩니다.

이때 주의할 점은 반드시 지시한 행동이 끝난 후 스티커를 줘야 한다는 겁니다. 또한 목록에 없는 행동에 대해서 줄 수는 있지만 아이가 요구한다고 해서 주면 안 됩니다. "나 이거 했으니까 스티커 줘"라고 했을 때 주게 되면 스티커 제도의 주도권이 아이에게로 넘어가버리거든요. 그 순간부터는 이 스티커 제도가 효과를 잃어버립니다.

이런 식으로 달력에 매일 스티커 점수를 기록하고, 점수가 차면 즉시 상을 줘야 합니다. 우리가 월급날에 월급을 안 주고 내일 준다고 하면 기분이 안 좋잖아요. 마찬가지입니다. 아이들은 정말 기대하는 건데 부모가 불편하거나 귀찮다고 미루면 아이들은 동기가 뚝 떨어집니다.

좋은 습관과 외적 보상

그런데 이런 걱정을 하는 분들도 많습니다. 자기가 해야 할 일을 하면서 상을 받는다면 상 없이는 아무것도 하지 않는 아이가 되지 않을까 하는 점이지요. 그리고 외부에서 주는 상이나 벌, 칭찬 같은 외적 동기가 아니라 자율성이나 자신감 같은 내적 동기를 부여해야 한다고요. 물론 이 말도 맞습니다. 다만 어떤 행동을 처음 시작해서 습관이 될 때까지는 외적 보상이 필요합니다.

어린아이들은 아무 보상도 없이 어떤 행동을 시작하기가 힘드니까 처음에는 외적 보상을 주는 거죠. "네가 한번 책가방을 싸볼래?"라든지 "동생이랑 같이 놀아줄래?"라고 하고서 간식 같은 보상을 주면 아이는 그 행동이 좋은 행동이라고 인식하게 됩니다. 그러면 그 행동을 반복하게 되고 그때마다 칭찬 같은 외적 보상을 계속 해주면 이것이 내적 동기로 전환됩니다. 스스로 책가방을 싸는 성취감이라든지 동생이랑 같이 놀았을 때의 즐거움이나 뿌듯함을 느끼게 되는 시기가 되면 외적 동기 없이 내적 동기만으로 좋은 행동을 하게 되는 거죠.

따라서 좋은 행동을 처음에 가르칠 때, 그리고 그 가르친 행동이 습관이 될 때까지는 스티커를 상으로 활용하면 굉장히 효과가 좋습니다. 물론 이미 잘하는 건 스티커 보상을 할 필요가 없습니다. 그건 이미 습관이 됐고 내적 동기로 자리 잡았을 거예요.

아이가 초등학생쯤 되면 스티커를 모아 받을 수 있는 상과, 해야 할 일을 계산해보고 장단점을 재기 시작합니다. 스티커 몇 개보다 지금 이걸 하고 싶다고 생각할 수 있는 거죠. 그러면 자신이 선택할 수 있다고 생각하게 되고 엄마한테 반발할 수 있습니다. 그래서 아이가 초등학생 정도 되면 스티커를 넉넉하게 주는 게 좋습니다. 아이가 스티커를 받고 싶어 하고 받으면 신나 한다면 잘하고 있는 겁니다.

같은 행동으로 스티커를 하다가 습관이 되어도 계속 줘야 할까요? 습관이 되면 스르르 다음 행동으로 넘어가도 됩니다. 그런데 스티커를 안 준다고 해서 원상태로 돌아오면 아직 습관이 안 된 거니까 계속해야 합니다. 계속하면서 다른 행동 목록을 추가하면 돼요.

여기서 중요한 건 우리 아이들이 할 수 있다는 걸 부모 여러분이 기억하는 겁니다. 스티커 제도를 적절한 방법으로 활용하면 아이는 우리 생각보다 훨씬 더 자제력을 발휘할 수 있습니다.

11

절대 하지 말아야 할 세 가지

상담을 하다 보면 아이한테 화를 내고 나면 '내가 아동학대를 한 건 아닐까' 하는 마음 때문에 자괴감이 든다는 부모가 많습니다. 놀라운 건, 실제 조사에서 우리나라 어머니들의 95퍼센트가 아동학대 경험이 있는 것으로 나타났다는 거예요. 그러니까 스스로 의심이 간다면 아동학대일 가능성이 큽니다. 그만큼 누구나 화가 나면 한두 번쯤은 아이들한테 위협이 되거나 아니면 불안을 일으키는 행동을 할 수 있다는 겁니다.

학대라는 말의 무거움 때문에 애한테 화를 한번 내고 나면 심한 불안과 죄책감이 들 수도 있는데 그런 불안도 조금 날려주고 도움이 될 만한 팁을 알려드리겠습니다.

아이의 성장을 가로막는 것들

학대에는 신체적인 학대, 정서적인 학대 그리고 성적인 학대가 있습니다. 이걸 글자 그대로 받아들이면 손 한 번 대는 거, 소리 한 번 지르는 게 다 학대 같죠.

학대의 기본 개념은 '아이가 건강하게 성장하는 데 문제를 유발'하는 행위입니다. 부모의 어떤 언행이 그게 아이가 성장하는 데 문제를 초래했다면 결과적으로 학대가 되는 것이죠. 그러니 지금 하는 행동 하나하나를 학대라고 과민하게 생각할 필요는 없어요.

물론 아이가 나중에 커서 "엄마 나 그때 그거 되게 섭섭했어"라고 말할 수는 있겠죠. 그렇지만 아이가 건강하게 성장했다면 부모의 사랑이 훨씬 커서 그 모든 것을 감싸안을 수 있습니다.

그러나 어떤 의도에서건, 아이한테 깊은 상처를 남기지 않기 위해 노력하는 자세가 중요합니다. 항상 의식하고 있어야 무심코 학대하는 일을 막을 수 있습니다. 임상가의 경험으로, 부모 여러분이 꼭 기억했으면 하는, 절대 하지 말아야 할 세 가지를 알려드립니다.

1 비교와 차별

특히 아이가 둘 이상이라면 드러내든 드러내지 않든 비교를 안 해본 부모는 거의 없을 것 같아요. 예를 들면 "동생은 밥을 잘 먹네"라면서 비교를 통해 밥 경쟁을 시키는 거부터 시작해서 "너는 형만 못해", "동생도 저걸 하는데"라고 무심코 말합니다. 이런 비교나 차별은 어떤 아이한테나 상처가 됩니다. 나도 모르게 비교하는 경우가 많으므로 항상 의식하고 있어야 합니다.

예전에 상담했던 분의 기억이 생생하게 떠오릅니다. 30대 여성으로 우울증이 아주 심했는데 그녀가 또한 고통스러워한 증상은 환청이었어요. 그런데 그 환청이 항상 엄마의 목소리라는 거예요. "너 같은 건 나가 죽어"라는 엄마의 목소리가 귓가를 떠나지 않는다고 했습니다.

실제로 그런 말을 많이 들었냐고 했더니 수시로 들었다고 하더라고요. 자세히 들어보니 이 사람한테는 굉장히 뛰어난 언니가 있었답니다. 엄마 입장에서 큰아이는 손이 하나도 안 가는데 작은아이는 골칫덩이였고, 그래서 정도를 넘어선 말을 한 거예요. 그런 얘기를 대략 20년 가까이까지 들었을 테니 그게 뇌리에 박혀서 너무 우울할 때면 그 말이 머릿속에서 울리는 겁니다. 이렇게 뇌리에 박혔다면 학대가 맞습니다. 어쩌다 "언니는 빨리 하네"라고 비교할 수는 있지만 지속적으로 강렬한 감정을 담아서 하는 차별은 분명히 학대가 될 수 있습니다.

2 이혼이나 가출을 암시하는 말

살다 보면 부부 싸움을 할 수 있습니다. 그리고 감정이 격해지면 심한 말도 하게 됩니다. 이때 남편이 한 말에 아내가 상처받고 아내가 한 말에 남편이 상처받는 것 이상의 문제가 있어요. 아이들이죠. 웬만하면 애들 안 보는 데서 싸운다고 하지만 그게 가능한 집도 있고 가능하지 않은 집도 있어요. 싸우는 데 시간을 가리는 건 참 어렵습니다.

아이 앞에서 부부 싸움을 하는 것까지야 사람이 살면서 그럴 수도 있죠. 그런데 아이 앞에서 "그럼 이혼해", "이럴 거면 살지 마" 같은 말을 하는 경우가 있습니다. 아이한테 "엄마 나갈 거야", "엄마 아빠가 따로 살 거야"라고 하거나 심지어 "그럼 넌 누구랑 살 거야"라고 묻죠. 이건 분명한 아동학대입니다. 아이들에게 엄마가 사라지는 것만큼 두려운 일이 없습니다.

심지어 부모가 그렇게 싸우더니 그다음 날 사이 좋은 걸 보면 아이들 입장에서는 너무 비현실적인 느낌이 든다고 해요. 부모가 사라질까 봐 너무나 공포스러웠는데 그다음 날 보니 아무 일도 없는 거죠. 그러면 '어제 내가 보고 내가 들은 건 뭐지' 하면서 그 괴리가 너무 크게 느껴지는 겁니다.

따라서 부부 싸움 하는 중에 아이가 두려움을 느낄 만한, 특히 이혼, 헤어짐, 집을 나감 등이 포함된 말은 정말 조심해야 합니다.

3 사람들 앞에서 아이를 혼내는 것

특히 아이가 중요하게 생각하는 사람들 앞에서 혼을 내는 건 정말 큰 상처가 될 수 있습니다.

화가 나면 주변 상황이 잘 안 보입니다. 예를 들어 애가 어느 정도 컸는데 친구 앞에서 혼이 난다는 건 굉장히 수치스러운 기억이에요. 아이 입장에서는 마음이 정말 괴롭습니다. 한 단계 더 건너면 아동학대가 될 수 있습니다.

지금 가슴이 덜컹하는 분이 있을 겁니다. '아 이런 것도 아이한테 상처가 될 수 있겠구나' 하는 것을 새로 알게 되었을 수도 있고요. 학대라는 것은 아이의 몸과 마음의 건강한 성장을 방해하는 거라는 걸 꼭 기억하세요.

12

체벌은 훈육이 아니다

부모가 아이를 학대해서 사망에까지 이르는 끔찍한 사건이 종종 일어납니다. 이런 사건이 생겨서 부모를 불러다 조사를 하다 보면 늘 같은 대답이 나오죠. 아이가 말을 듣지 않아서 훈육을 했다는 겁니다.

다행히 훈육에 대해서는 이제 인식이 많이 바뀌었습니다. 그래서 아이를 체벌을 하면 안 된다, 정서적으로 폭력을 행사하면 안 된다는 걸 다들 알고 있습니다. 그럼에도 훈육이라는 이름으로 아이들한테 소리를 지르거나 때리거나 심지어 옷을 벗겨서 집 밖으로 내쫓는 경우가 아직도 있습니다. 제가 아이들을 상담하다 보면 아주 평범한 가정에서도 이런 행동을 하는 부모를 많이 볼 수 있습니다.

이런 부모들은 진심으로 이게 문제가 되는 행동이라고 생각하지 않는 거죠. 정말 아이 잘되라고 하는 훈육이라고 생각해요.

부모들이 폭력적인 사람도 아니고 아이를 미워하는 것도 아닌데, 어느 순간 정신을 차리고 보니 체벌을 했더라는 경우가 대부분입니다. 그럼 체벌을 왜 할까요? 체벌을 하게 되는 가장 큰 이유는 즉각적으로 말을 듣게 하는 효과가 있기 때문이에요. 몇 번 말을 했는데 안 들었을 때 매를 들면 애들이 말을 듣는 거죠. 그러니까 "애는 꼭 매를 들어야 해"라든지 "애가 매를 벌어"라고 말하기도 합니다.

벌이라는 것, 특히 폭력이라는 건 상대를 제압하는 힘이 굉장히 크기 때문에 즉각적으로 눈에 띄는 효과가 나타나는 게 사실입니다. 그러나 체벌을 반복할수록 부모가 예상치 못했던 아주 큰 부작용이 나타날 수 있습니다.

체벌을 하면 안 되는 세 가지 이유를 명심하길 바랍니다.

1 체벌의 효과는 그때뿐이다

체벌은 공포나 불안을 사용합니다. 맞는 게 무서워서 말을 듣는 거죠. 이처럼 공포나 불안을 매개로 사용하므로 체벌이 없어지면 어떤 효과도 안 나타납니다. 숙제를 안 해오면 체벌을 한다고 해보죠. 아이들이 숙제를 더 잘 해올지 몰라도 그 이유는 공부를 하기 위해서가 아니라 그저 체벌이 무서워서입니다. 그러므로 체벌이 사라지면 그 전보다 숙제를 더 안 할 가능성이 큽니다.

제가 중학교 3학년 때 담임이 가정 선생님이었는데 시험을 보면 틀린 수대로 때렸어요. 그 때문에 가정 시간에 외운 건 많은데 그 배운 것들을 일상에서 하나도 쓰고 싶지 않더라고요. 가정 시간에 매를 맞으니까 가정 시간에 배운 걸 다 싫어하게 된 거죠. 영어를 맞으면서 배운 애들은 맞지 않게 되는 순간 영어를 안 하게 될 가능성이 큽니다.

체벌은 불안을 매개로 하고, 불안을 매개로 하는 건 불안이 사라지면 원상태로 돌아오고 맙니다. 그때 잠깐 효과가 있는 것처럼 보이지만 근본적이고 장기적으로 아이를 훈육하는 효과는 없습니다.

2 체벌의 공포나 불안은 엄청난 스트레스가 된다

만성적인 스트레스는 여러 가지 부작용을 가져올 수 있어요. 두통이나 소화불량 등의 신체 증상으로 나타날 수도 있고 심리적으로 불안 장애나 우울증을 겪을 수도 있습니다. 체벌이 상시적으로 이루어지는 집에서 사는 아이들은 불안과 공포 속에서 스트레스를 받다 보니 성장한 뒤에도 불안 장애와 우울 장애를 겪을 가능성이 크다는 연구가 오래전부터 이루어져왔고, 지금은 그냥 정설로 받아들여지고 있습니다.

3 체벌하는 부모를 모델링하면서 아이의 공격성도 커진다

이건 쉽게 확인할 수 있는데, 아이가 둘인 경우 엄마가 큰애를 혼내고 때리면 큰애는 작은애를 때리는 경우가 매우 많습니다. 부모가 체벌을 하면 아이는 때리는 행위를 자신이 해도 되는 것으로 인식합니다. 특히 뭔가를 제압하고 싶을 때 폭력이라는 방법을 아주 자연스럽게 배우게 됩니다.

부모와 아이가 맺는 관계는 아이가 태어났을 때 첫 번째로 맺는 사회적 관계입니다. 이 첫 번째 관계가 중요한 이유는 아이가 평생 맺을 대인관계의 기본 틀이 되기 때문입니다. 그런데 체벌을 받으면서 성장한 아이들은 폭력도 대인관계 방식의 하나라는, 아주 잘못된 학습을 하게 됩니다.

그리고 이런 패턴은 특히 친밀한 관계에서 쉽게 나타납니다. 가장 친밀한 사람인 엄마가 나를 때렸으니까 나도 친한 사람을 때릴 수 있다고 은연중에 학습하기 때문이죠. 흔히 '폭력의 대물림'이라는 말을 하죠. 폭력에 노출된 사람은 훨씬 더 수월하게 폭력을 행사합니다.

체벌은 선택의 문제가 아니다

요컨대, 체벌은 단기간에 효과를 낼 수 있지만 시간이 조금만 경과하면 금방 효과가 떨어지고 아이들이 공포에 질려서 정서 문제를 촉발할 수도 있습니다. 부모의 공격적인 행동을 모델링해서 다른 가족이나 친구들에게 폭력을 휘두르게 될 수도 있습니다. 이는 사회화 과정에서 매우 큰 문제를 야기하기도 합니다. 체벌은 폭력이고 폭력은 없어져야 합니다.

지금까지 설명한 체벌의 부작용은 사실 부분적으로나마 다 알고 있는 내용일 거예요. 실제로 처음부터 때려야겠다고 마음먹고 아이를 때리는 경우는 많지 않습니다. 나도 모르게 때리고 때린 다음에 후회하고, 아이가 잘 때 울면서 다시는 그러지 말아야지 하는데 그 다음 날 또 때리고, 이런 일이 반복되면서 체벌이 만성화됩니다.

체벌은 더 이상 선택의 문제가 아닙니다. "내가 내 아이 때리는데 무슨 상관이야"라고 말하는 사람이 있다면 "내 회사 직원이니까 때리든 말든 놔둬"라고 말하는 것과 똑같아요. 내 배우자니까, 내 부모니까 때려도 된다는 논리와 뭐가 다릅니까. 알고 보면 가장 약한 아이한테 제일 가혹한 논리를 들이대는 거죠.

"아이를 때리지 않으면 말을 안 듣는데 어떡하나요?"

이렇게 묻고 싶은 부모가 있을 겁니다. 체벌 없이 아이를 어떻게 통제할 수 있을까요?

아이는 어리기 때문에 부모의 지시를 받고 순응해야 하는데 부모가 효과적인 방법을 모르니까 체벌을 쓰게 되는 겁니다. '제대로 지시하고 있는가'부터 되돌아보세요. 체벌하지 않되 훈육은 단호하고 엄격하게 해야 합니다.

그런데 이걸 많은 부모가 참 힘들어해요. 제가 상담을 하면서 정말 구체적으로 알려주는데도 막상 그걸 일상에서 적용하는 부모는 열 명 중에 한 명꼴입니다.

적절한 '제어' 혹은 '통제'

앞서 효과적인 지시 방법을 알려드렸죠? 지시는 짧게 하고 설명은 할 필요가 없습니다. 부모도 지시하는 법을 연습해야 해요. 어느 날 갑자기 되지 않습니다. 〈세상에 나쁜 개는 없다〉라는 방송 프로그램을 아시나요? 훈련사인 강형욱 씨가 출연해서 여러 종류의 문제를 보이는 개를 훈련하죠. 강형욱 씨가 개를 제압하는 걸 보면 목줄을 잡거나 다리로 미는 걸 볼 수 있습니다. 여러분은 이게 폭력으로 느껴지세요? 저는 그냥 '제어' 혹은 '통제'라고 생각합니다.

아이한테도 이게 필요합니다. 어린아이들은 신체를 자기 의지대로 통제할 수 없거든요. 그러니까 펄펄 뛰고 뒤로 드러눕고 그래요. 날뛰는 아이를 잡는다든가 하는 정도의 신체 통제는 필요합니다. 그다음에 지시를 해야 합니다. 5세 미만의 아이들은 이런 정도로도 매우 큰 효과를 봅니다.

저는 아이들 상담을 하면서 그림을 그리자고 하는 경우가 많습니다. 거창한 게 아니고 동그라미, 네모 정도입니다. 그런데 싫다고 하는 아이들도 꽤 있습니다. 이때 저는 단호하게 "아니, 너는 지금 여기서 그림을 그려야 해"라고 하는데, 그러면 반 이상은 말을 듣습니다. 그래도 안 하겠다고 버티는 애들도 있는데 이는 자기한테 주어지는 최소한의 요구에도 응하지 않는다는 거부적 행동입니다. 이럴 때 저는 "그래, 그럼 선생님 기다릴게"라고 합니다. 기다리는 건 어른이 훨씬 더 잘하거든요. 좀 기다리면 거의 다 말을 듣습니다. 부모 여러분도 적절한 방법을 쓰면 좀 더 효과적이고 덜 폭력적으로 아이를 훈육할 수 있습니다.

하나 더 부탁하자면 우리 아이뿐 아니라 이웃의 아이들도 살펴봐주세요. 다른 집의 아이가 가정폭력을 당하는 정황이 보일 경우에는 신고해주세요. 저도 몇 번 해봤는데 굉장히 효과가 좋습니다. 내가 누군지 밝히지 않고도 신고할 수 있어요.

이건 우리 아이를 위한 일이기도 합니다. 맞고 자란 아이가 부모의 행동을 모델링하면 커서 폭력적인 이웃이 되어 우리 아이 옆에 있을 수도 있어요. 좋은 세상을 만든다는 건 단순히 내가 내 자식을 잘 키우는 게 아니라 우리 공동체의 모든 아이가 안전하고 즐겁게 살아가는 것입니다. 그게 더 크게 보면 우리 아이들에게 좋은 세상을 물려주는 것입니다.

2부

행동의 경계를 정해줘야 잘 자란다

1

지시할 때마다 싫다고 해요

"반항심 많은 31개월 여아인데 엄마가 지시할 때마다 싫다고 하네요. 그럴 때마다 '난 벽이다. 난 감정이 없다'라고 되뇌며 시키는데 너무 뺀질거려서 속이 터집니다. 씻을 때가 되어서 목욕탕으로 손 잡고 끌고 가면 울고불고 온종일 같은 패턴의 행동을 반복합니다. 그때마다 눈을 부라렸더니 이제 내성이 생겨서 더 뺀질거리나 이런 생각이 들어요."

31개월이면 아직 만 3세는 안 된 나이네요. 3세 이상의 아이를 키우는 부모들은 이 사연을 보고 '아직 세 살도 안 됐잖아' 하면서 웃을지도 모르겠습니다. 31개월인데 엄마가 씻자고 할 때마다 순순히 가는 애들은 많지 않습니다. 지금 이 아이의 행동은 31개월에 딱 맞는 것 같습니다.

두 돌 이전의 아이들은 엄마와 나를 분리된 존재로 보지 않아요. 그러니까 엄마가 뭔가를 시키면 엄마와 나의 의지는 하나이기 때문에 그냥 받아들이는 거죠. 그런데 두 돌이 지나면 엄마는 엄마고 나는 나라는 구별된 자아에 대한 자각이 생겨요. 이때 제일 먼저 하는 건 엄마가 뭘 하라고 시킬 때 싫다고 하는 거죠. 엄마의 의지와 반대되는 의지를 표현할 때 보통 자아감, '나는 나야'라는 느낌이 강하게 옵니다. 심리적 발달의 첫 단계는 엄마와의 공생관계에서 벗어나 자신을 엄마와 별개의 독립된 존재로 느끼는 때라 엄마의 의지와 다른 행동을 할수록 자신의 개별성과 독립성이 확고해집니다.

그러니까 반항이라기보다 자아의 발달이라고 이해하면 됩니다. 아이가 '나는 나'라고 느껴야지 '엄마와 나는 하나야'라고 느끼면 분리와 독립이 안 되고, 그러면 성장이 멈췄다는 의미가 되겠죠. 그런 존재는 어딘가에 종속된 존재이지 개별적인 존재가 아니니까요.

자아의 발달이 시작되는 시기가 이 무렵입니다. 한창 그럴 나이이죠. 좋은 소식은 아이가 잘 크고 있으며, 조금 지나면 좋아진다는 겁니다. 나쁜 소식은 시간이 좀 걸릴 수도 있다는 것이죠. 어쨌든 시간이 흐르면 이 시기는 끝납니다.

훈육은 부모의 권위와 단호함으로

엄마가 "난 벽이다. 난 감정이 없다"라고 되뇐다는데 현명하게 대처하신 것 같아요. 내가 너무 강압적인가, 이렇게라도 하는 게 맞나, 생각하다 보면 훈육을 해야 할 타이밍을 놓치기 쉽거든요. 저는 이 시기에 "애가 잘 크고 있다는 증거야. 자아감이 생기고 있어(그러나 난 힘들다)"라고 되뇌었던 기억이 납니다.

아이 손을 잡아끌고 오면 울고불고한다고 했는데 이것도 이 시기 아이들이 보이는 전형적인 저항 행동이에요. 서너 살쯤 된 아이들은 싫은 것을 참는 능력이 거의 개발되지 않았기 때문에 싫은 걸 시키면 바로 싫다고 표현합니다. 기질에 따라 약하게 표현하기도 하고 강하게 표현하기도 하죠. 어차피 배워야 할 것들인데 아이가 떼쓴다고 멈췄다 다시 하기를 반복하면, 순순히 하게 될 때까지 시간이 오래 걸릴 수도 있습니다. 모른 척하고 반복하다 보면 어느 순간 툴툴거리면서도 시키는 대로 하게 돼요. 그리고 엄마가 눈을 부라려서 아이에게 내성이 생겼다기보다 신체적으로나 지능적으로 성장하기 때문에 이 정도 상황은 별것 아니라는 판단이 들어서 더 버티는 겁니다. 애들이 맷집이 강해지는 거죠. 그래서 훈육은 제때 해야 합니다. 크면 클수록 싫은 것을 피하는 기술이 늘어나게 되니까요.

그래서 눈을 부라리거나 손 잡고 끌고 오는 게 효과가 있으면 그렇게라도 해야 합니다. 부부가 결혼했는데 누구도 직장에 안 가겠다고 하거나 서로 집안일을 나 몰라라 하면 가정이 유지되지 않잖아요. 강요를 해서라도 자기 역할을 하도록 해야 삶이 굴러갑니다. 다만 시키는 과정에서 과도하게 분노를 보이면 서로 감정이 상하고, 부정적인 상호작용이 오가면서 둘 다 화가 난 나머지 원래 뭘 하기로 했는지 잊어버린 채 상황이 끝날 수 있습니다. 그러니 감정의 힘으로 아이를 끌고 가지 말고 부모의 권위와 단호함을 사용하세요. 아이와 실랑이하지 말고, "네가 어떻게 하든 상관없어. 그냥 지금은 씻어야 해"라는 마음으로 아이 손을 잡아 욕실로 데리고 가면 됩니다.

아이가 뻔댈 수도 있습니다. 그럼 아이 양쪽 팔 위쪽, 아니면 어깨를 잡고 가세요. 감정으로 통제하지 말고 의지와 의지를 담은 행동으로 시키면 둘 다 감정이 덜 상합니다. 씻는 일은 하루에도 여러 번 해야 하는 일상인데 씻을 때마다 엄마와 실랑이를 벌일 순 없으니 이런 시간을 줄이려면 초반에 강하게 통제하는 게 낫습니다. 화내지 말고 팔을 꼭 잡고 가거나, 화내지 말고 번쩍 안고 데려가세요. 소리를 지르면 못 들은 척하고, 버둥거리면 그러지 못하게 잡으면 됩니다. 어쨌든 시작한 일을 끝내는 게 가장 중요합니다.

여기까지 듣다 보면 엄마가 너무 강압적인 게 아닐까, 관계가 상하지 않을까, 하는 걱정이 들 수도 있습니다. 그래서 반복적인 행동은 가능한 어릴 때 부드러운 태도로 반복해서 거부감을 없애는 게 가장 좋습니다. 흔히 '아무것도 모를 때'라고 하는 그 시기를 말합니다. 그런데 조금이라도 커서 자기 생각이 분명해지면 엄마가 시키는 걸 쉽게 따르지 않고, 완강하게 거부하기도 합니다. 이럴 때 계속 타이르거나 설명을 하거나 뇌물을 주게 되면 아이는 실제보다 더 힘든 일로 받아들이게 됩니다. 중간 과정에서 좀 불편한 일이 생겨도 빠르고 신속한 속도로 손을 씻도록 하면 아이는 '엄마가 손을 씻으라고 하면 어차피 씻어야 하는구나'라는 지시-결과 관계를 학습하고 습관적으로 그 행동을 하게 됩니다. 그러니 너무 부담 갖지 말고 손이나 팔, 어깨를 잡으세요. 이런 일은 계속되어야 하기 때문에 엄마가 흥분하면 너무 진이 빠져서 반복하기 어렵습니다. 기계적으로 반복하세요. 그러면 아이도 어느새 기계적으로 받아들이게 됩니다.

다른 부모들도 다 이런 시기를 거쳤다고 하면 좀 위로가 될까요? 아이가 31개월이 아니라 30세라도 어떤 것을 시키려면 반복은 필수입니다. 그래도 희망적인 건 반복하다 보면 어느새 하고 있더라고요. 힘내시길 바랍니다.

2

자기 뜻대로 안 되면 떼를 써요

"15개월 남자아이를 키우고 있습니다. 6개월 때부터 자기가 원하는 대로 해주지 않으면 오래 울고 떼를 많이 썼습니다. 걷기 시작하면서 통제가 더욱 어려워졌고, 놀이터에 나가 놀기 시작하면서 집에 들어오지 않으려고 해요. 눈만 뜨면 나가자고 하고, 안 된다고 하면 30분 이상 울어댑니다. 비가 와서 못 나간다고 아무리 말해도 바닥에 뒹굴면서 악을 써요. 달래보기도 하고 간식을 주기도 했지만 그때뿐입니다. 전문가들은 두 돌 이전까지는 훈육을 시키지 말라고 하는데 다른 엄마들은 정말 혼내지 않고 키우나요?"

돌 무렵의 아이는 아장아장 걷기 시작해서 15개월이면 아무 데나

올라가고 엄마가 잠깐 한눈만 팔아도 엄마 손을 놓고 뛰어갑니다. 이때쯤 되면 엄마들이 자주 놀이터에 데리고 나가는데요. 일단 나가서 놀기 시작하면 계속 나가자고 하고, 나가면 안 들어오려고 하고, 들어오면 또 나가자고 해서 실랑이를 벌이는 경우가 많습니다.

바깥 놀이에 재미를 붙인 아기들이 떼를 쓰는 정도는 어마어마하기 때문에 엄마들의 심리적·신체적 소진이 큽니다. 이럴 때는 아이들이 왜 떼를 쓰는지 이해해야 통제를 할 수 있습니다.

아이가 떼쓰는 이유

아이들이 떼를 쓰는 이유는 나이에 상관없이 다 비슷해요.

자신의 감정이나 행동을 조절하지 못하고 해야 할 일과 하지 말아야 할 일을 구분하지 못하기 때문입니다.

따라서 뭔가 만져보고 싶고, 던져보고 싶으면 해봐야 하는 것이고, 그냥 하게 되는 거죠. 이때 부모가 제재하면 아이들은 '엄마가 위험하다고 하니까 조심해야겠다'라고 받아들이지 않습니다. 좌절감과 함께 '왜 못하게 하지?' 하면서 좌절과 분노를 드러내는 행동을 보입니다. 감정 조절 능력은 거의 없기 때문에 일단 기분이 상하면 부정적인 감정이 폭발해서 떼를 쓰는 것입니다. '안 돼'라는 말에 반사적으로 나오는 폭발적인 감정이죠.

떼를 쓰더라도 적당한 때 그치면 다행인데 기진맥진할 때까지 끝장을 보는 아이가 많습니다. 처음엔 사소하게 떼를 쓰다 감정이 고조되면 어느 순간에 통제 스위치가 꺼져버립니다. 자극에 대한 아이들의 일차적인 감정은 '흥분했느냐 아니냐'입니다. 자극이 될 만한 게 있으면 일단 흥분하는데, 흥미를 느끼지 못하면 그대로 흥분이 가라앉지만 흥미로운 것이면 흥분도가 높아집니다. 놀이터에서 신나게 뛰어놀거나 갖고 싶은 장난감을 사줬을 때, 재미있는 놀이를 할 때 아이들은 극도로 흥분하는 모습을 보이죠. 이럴 때는 주변에 무엇이 있는지 보이지도 않고 엄마 말소리도 들리지 않으며, 캄캄해졌는지 추워지는지도 모릅니다. 심지어 좋은지 싫은지도 잊어버려 울다가 웃는 모습을 보이기도 하지요. 생각해보면 씻기 싫다고 떼쓸 때만큼이나 신날 때도 격한 감정반응을 보인다는 걸 알 수 있습니다.

두 돌 무렵까지는 훈육을 하지 않는 게 바람직하다는 말이 있는데 이 무렵까지의 아이는 필요한 게 있기 때문에 떼를 쓰는 것이니 일단 먹여주거나 재워주거나 달래주어야 합니다.

두 돌 무렵이 되면 필요한 게 아닌데도 원하는 것을 가지려고 떼를 쓰기 때문에 이때는 훈육이 필요한데 이 시기의 아이들은 말로 설명해서는 행동을 멈출 수 없습니다. 게다가 흥분한 아이는 브레

이크 없는 자동차 같아서 제지하는 것으론 막을 수 없습니다. 어른들도 좋아하는 홈쇼핑 채널을 보다 자신도 모르게 지름신(?) 강령을 겪지 않나요?

아이의 좌절 반응을 다루는 법

그러면 행동을 어떻게 통제하면 좋을까요? 우선 어떤 식으로든 아이의 행동을 제재하면 강한 좌절 반응으로 이어진다는 것을 기억하세요. 아이를 속상하지 않게, 화나지 않게 통제할 방법이 없을까 고민하는 부모가 많은데 뇌의 성숙이 그 수준에 이르지 않았기 때문에 점잖게 상황을 마무리하는 건 어렵습니다. 따라서 부모가 좌절을 어떻게 이해하고 다루는지에 따라 훈육의 성패가 결정됩니다. 좌절의 타이밍과 방법, 좌절 행동을 다루는 방법을 알면 훈육은 어렵지 않습니다.

우선 아이가 놀이터에 나가자고 하면 엄마는 나갈지 말지를 빨리 판단해야 해요. 그래서 나갈 수 있으면 바로 나가는 게 좋습니다. 인내심을 키워줘야 한다고 생각해서 습관적으로 안 된다고 하는 부모가 있는데 기다리는 시간 동안 아이들은 좌절 회로가 돌아가기 때문에 떼가 더 심해질 수 있습니다.

나갈 수 없는 상황이라면 "지금은 안 돼"라고 하면서 다른 곳으로 주의를 돌려보세요. "엄마랑 저것 갖고 놀까?"라거나 "책 읽어줄까?" 하면서 주의를 돌리면 바로 떼쓰는 정도가 줄어듭니다. 어차피 떼를 쓰는 아이라면 일단 지켜보다가 아이가 흥분하면 안아주세요. 돌이 지난 아이는 꽉 안아주면 신체적으로 조금 진정되는 효과가 있습니다. 처음에는 발버둥을 치고 울겠지만 점차 흐느낌이 진정됩니다. 감정이 가라앉는 것이지요. 아이가 진정되면 다음의 일상으로 넘어가면 됩니다. 나중에 가자느니, 아빠 오면 가자느니 하면 오히려 상기시키는 효과가 있기 때문에 아이가 먼저 말하지 않으면 놀이터에 대한 언급은 하지 않는 게 좋습니다.

너무 발버둥을 쳐서 안아주기 힘들다면 그냥 내버려두는 게 좋습니다. 안전에 문제만 없다면 개입하지 말고 그냥 두어 스스로 진정하게 하세요. 아이한테 필요한 건 시간이거든요.

어떤 감정이든 가라앉으려면 시간이 걸리는데 중간에 엄마가 말을 하거나 자극하면 이게 또 방아쇠가 되어 감정이 다시 고조됩니다. 그 과정을 기다려주면 아이는 스스로 진정시키는 능력을 조금씩 발전시키게 됩니다.

물론 쉽지는 않습니다. 떼를 쓸 때마다 부모가 좋은 얼굴로 아이를 달랠 수 있으면 좋은데 그런 상황은 영화나 드라마에만 나오는 것 같습니다. 화내는 것에 대해 과도하게 자책감을 느끼는 부모님이 많은데 그럴 필요 없습니다. 훈육은 아이를 사회화시키는 훈련이며 부모의 책임입니다. 이런 시간을 통해 아이는 감정을 진정시키는 능력뿐 아니라 대상을 통합시키는 능력도 키우게 됩니다. '엄마가 항상 나한테 좋은 얼굴만 하는 건 아니구나, 얼굴을 찡그릴 수도 있고, 화를 낼 수도 있구나. 그래도 엄마는 항상 내 엄마이고 나를 사랑해'라는 믿음은 애착을 더욱 견고하게 하고, 엄마가 화를 내거나 걱정을 해도 크게 동요하지 않습니다. 이런 날을 하루하루 보내는 게 육아가 아닌가 싶습니다. 아무리 힘들어도 육아에서 도망칠 수는 없죠. 피할 수는 없지만 아이는 계속 크고 있다는 게 큰 희망일 것입니다.

3

마법의 주문 "나 이거 갖고 싶어"

마트에 가면 장난감을 사달라고 떼쓰는 아이와 실랑이를 벌이는 부모를 볼 수 있습니다. 아이들이 알록달록 예쁘고 앙증맞은 장난감에 넋을 빼앗기는 시기가 되면 부모는 장 보러 가는 게 부담스러워집니다. 일부러 장난감 코너를 피해 돌아가기도 하지만 시공간 능력이 발달한 아이는 먼저 엄마 손을 잡고 장난감 코너로 이끌기도 합니다. 아직 한계의 범위를 모르는 아이는 모든 걸 다 갖고 싶어 하고, 부모가 줄 수 있다고 생각합니다. 비슷한 게 있어도 또 갖고 싶어 하고, 당장 놀 수 없으면 다시 사달라고 할 때도 있습니다.

"다섯 살짜리 남자아이를 키우고 있습니다. 기질은 그리 강한 편은 아니고 뭔가를 해달라고 하다가도 안 된다고 하면 심하게 조르지는 않았습니다. 그런데 지난 어린이날부터 문제가 생겼어요. 선물을 사주려고 장난감 가게에 갔는데 얼른 고르지를 못하고 이것저것 만지기만 하더라고요. 답답한 마음에 하나를 골라 손에 쥐여주며 "이거 갖고 싶어?"라고 물었습니다. 아이가 갖고 싶다고 하기에 그걸 사서 집에 왔습니다. 그후 마트건 편의점이건 가게에 가기만 하면 거기에 있는 물건을 가리키며 갖고 싶다고 합니다. 끊임없이 졸라서 결국은 아무것이나 하나 쥐여주고 간신히 볼일을 보고 나오게 됩니다. 물건에 대한 결핍감이 있는지 아니면 집착하는 건지 궁금하고 답답합니다."

새로운 물건을 보면 갖고 싶어지는 건 자연스러운 일입니다. 어른들도 필요한 걸 사러 갔다가 생각지도 않았던 것을 사 오는 경우도 많지 않나요? 돈을 많이 쓴 것 같아 불편해지면 합리화를 합니다. '최근에 옷을 산 적 없으니까 괜찮아', '세일할 때 샀으니까 돈을 쓴 게 아니고 번 셈인데 어때'.

새로운 걸 본 아이가 "엄마, 이거 사줘, 저것도 사줘" 하는 건 자연스러울 수 있는데 사연 속 아이는 특이한 점이 있는 것 같습니다. 사달라는 횟수가 어린이날 선물을 고른 이후 폭발적으로 늘어난 것은 그럴 만한 이유가 있어 보입니다. 당시 아이가 선물을 고르지 못하니까 엄마가 도와주려고 하나를 가리키며 "이거 갖고 싶어?"라고 물었고, 아이가 갖고 싶다고 하니 엄마가 사주었습니다. 이 상황은 어른이면 누가 보아도 엄마가 어린이날 선물을 사준 것이지 다른 의미는 없습니다. 그런데 아이는 상황을 달리 받아들였습니다. 어린이날이라는 맥락을 빼고 엄마가 갖고 싶으냐고 묻고 자신은 "갖고 싶어"라고 했더니 장난감이 생긴 거죠. 그러니까 갖고 싶은 게 있으면 갖고 싶다고 말만 하면 된다고 느낀 겁니다.

짐작건대, 그다음에도 몇 번 더 비슷한 일이 있었을 것 같아요. 별로 비싸지 않은 사소한 물건을 보고 아이가 갖고 싶다고 했을 때 엄마 입장에서는 별거 아니니까 사줬을 거고요. 그러면서 아이 머릿속에는 "갖고 싶어"라는 말이 '수리수리 마수리' 같은 마법의 주문이 된 겁니다. 아이들은 말의 의미보다는 그 말의 기능을 먼저 학습하게 되죠.

자, 그럼 어떻게 해야 할까요? 갖고 싶다고 해도 안 사주면 되나요? 예, 맞습니다. 사줄 계획이 없는 것은 안 사주면 돼요. 갖고 싶다는 말이 마법의 주문인 줄 알았는데 그게 아니라는 걸 가르쳐주어야 합니다.

기대가 꺾이면 상황을 이해하지 못한 아이가 떼를 쓰거나 울 수 있습니다. 또 이런 메커니즘을 모르는 엄마로서는 물건을 사줄 수도 있습니다. 떼에 못 이겨서, 남 보기 민망하니까 등 아이의 요구를 들어줄 수밖에 없는 이유는 다양합니다. 이렇게 한 번 꺾이면 "갖고 싶어"라는 말은 여전히 마법의 주문이 됩니다. 그러니 아이의 모든 시도에 반응하지 마세요. 아이가 이 마법의 주문이 더 이상 효과가 없다는 걸 깨닫게 되어야 떼쓰는 것도 줄어들게 됩니다.

세상은 모든 것을 주지 않는다

이제 물건을 사주는 것에 대해 좀 더 일반적인 얘기를 해보겠습니다. 아이에게 물건을 사줄지 말지를 결정하는 것은 부모의 역할입니다. 이때 많은 요인을 고려하게 됩니다. 예를 들어 부모가 볼 때는 별로 안 갖고 놀 것 같아 필요 없다고 생각되는 것도 있어요. 부모 자신이 어렸을 때 너무 갖고 싶었던 걸 못 가져서 너무 속상했던 기억 때문에 사주고 싶다는 마음도 들 수 있어요.

그런데 부모가 고민하면 할수록 아이들도 부모의 고민을 알아차립니다. 그래서 좀 더 조르거나 좀 더 속상한 것 같은 표정을 지을 수 있습니다. 마법의 스위치를 작동시키기 위해 좀 더 힘을 주어 누르는 거죠.

그래서 이런 결정은 빨리 하는 게 제일 좋습니다. 그 물건을 사는 게 그렇게까지 크게 문젯거리가 되지 않고, 어차피 사줄 거면 빨리 사주는 게 좋습니다. 사줄 듯 말 듯 하면 아이의 인내심이 바닥나서 참을성이 줄어들 수 있습니다. 가격과 관련된 문제도 있습니다. 장난감에도 싼 게 있고 비싼 게 있는데 아이들은 그 차이를 잘 모릅니다. 그래서 비싼 걸 사줄 때는 가격 때문에 망설이기도 하지만 아이가 이 정도의 돈을 쓸 만큼 부모가 자신을 사랑한다는 걸 알았으면 좋겠고, 이 정도 물건은 자주 사줄 수 없다는 것, 그만큼 아껴 써야 한다는 것을 알려주고 싶은데 어떤 방법이 좋을지 고민되는 경우가 많지요. "이건 정말 비싼 거야. 원래는 안 사주려고 했는데 이번만 특별히 사주는 거니까 또 조르면 안 돼"라고 말해도 아이들은 의미를 이해하지 못합니다. 그뿐만 아니라 비싼 건 안 사준다는 말은 왠지 야박하고 교육적이지 않다는 느낌이 들기도 하지요.

그럼 어떻게 하면 좋을까요? 부모가 소비 계획을 미리 세워놓고 그 안에서 돈을 쓰면 불필요한 고민도 줄고, 아이들도 돈의 한계에 대해 어느 정도 배울 수 있습니다.

저 같은 경우에는 한 달에 장난감은 2만 원 정도까지 쓰기로 계획했어요. 만약 아이가 3만 원짜리를 사달라고 하면 1만 원 정도는 추가로 쓸 수 있다는 식으로 마지노선을 정했어요. 그리고 어떤 건 왜 사주고 어떤 건 왜 안 사주는지를 한 달에 쓸 수 있는 금액으로 설명하니까 뉘앙스를 어렴풋이 이해하더라고요. '이걸 사줬으니까 한동안은 엄마가 다른 걸 사주지 않겠지'라는 정도는 이해하는 듯했어요.

아이가 클수록 돈 아까운 줄 모른다, 돈을 아껴 써야 한다,라는 걸 가르치고 싶다고 생각하는 부모가 많죠. 돈이라는 게 삶에는 꼭 필요한데 제한된 자원이니까 쓰고 싶을 때마다 쓰면 금방 문제 상황에 부딪힙니다. 아이들은 부족하다는 개념을 말로는 이해할 수 없기 때문에 제한과 결핍을 직접 겪지 않으면 돈을 아껴 써야 한다는 생각을 하지 않습니다. 어려서부터 경제 관념을 가르치면 아이를 위해서도 좋습니다. 아이에게 결핍을 가르쳐주세요. 결핍을 알아야 풍족함의 기쁨도 누릴 수 있습니다.

4

왜 우리 아이만
이렇게 징징거리는 걸까요

아이가 징징거리기 시작하면 엄마는 머리털이 쭈뼛 섭니다. '설마… 또… 시작이구나.' 혹시나 저절로 그치지 않을까 기다리지만 시간이 가도 끝나지 않으면 괴로움이 가중되면서 결국은 큰소리를 치게 됩니다. 아이의 징징거리는 소리는 소방차나 구급차의 사이렌 소리를 바로 옆에서 듣는 것처럼 괴롭죠. 너무 괴로운데 이 소리를 중단시킬 수가 없으니 무기력하게 참다가 폭발하는 것이지요. 나이가 어릴수록 아이가 징징거리는 경우에는 빨리 이 소리를 그치게 해야 한다는 압박함이 훨씬 더 큽니다. 이런 일은 어느 집에서나 일어나기 때문에 대부분의 아이들은 엄마가 들어줄 때까지 중단하지 않습니다. 사소해 보이지만 엄마들이 크게 괴로워하는 일이 징징거림입니다. 특히 아이가 둘 이상이라면 사태는 정말 심각하죠.

"6세, 4세 두 아이를 키우는 엄마입니다. 첫째는 뭘 하든 얄밉고 둘째는 뭘 하든 다 귀엽습니다. 첫째는 징징거리고 짜증이 많아요. 첫째의 징징거림이 시작될 것 같으면 저항할 수 없는 무차별 폭격을 받는 느낌이 들면서 애를 집어던지고 싶을 정도로 화가 납니다. 징징거리는 소리를 별로 안 거슬려 하는 엄마들도 있는 걸 보면 아이 문제라기보다 저의 문제인 것 같아요. 어떻게 하면 징징거림을 분노 없이 들을 수 있을까요?"

징징거리는 아이를 둔 부모 중에는 유독 우리 애만 그런 것 같다는 생각을 많이 합니다. 그렇지만 다른 엄마들이 징징거림을 잘 참는 게 아니라 대부분의 징징거림이 집 안에서 일어나기 때문에 남의 눈에는 보이지 않는 겁니다. 밖에서 이런 일이 벌어질 때도 우리 애가 징징거리면 큰 스트레스가 되지만 다른 집 아이들이 그러면 내 아이가 아니기 때문에 그렇게 심각하게 보이지는 않습니다. 그래서 내 아이만 문제가 심각한 것 같지요. 정도의 차이는 있지만 모든 아이는 징징거림으로 엄마를 힘들게 합니다.

징징거리는 아이는 다만 징징거리며 엄마를 따라다닐 뿐이며, 물건을 던지거나 엄마를 때리지는 않습니다. 겉보기에는 그렇게까지 문제가 될까 싶지만 엄마에게는 앞의 표현처럼 '무차별 폭격'을 받는 정도의 고통을 준다는 게 핵심입니다. 내가 뭘 잘못해서 아이가 그런 걸까, 내가 모르는 심각한 문제가 있는 걸까, 하고 고민하는 것도 엄마가 느끼는 스트레스 정도와 비례합니다. 사연 속 엄마는 첫째의 징징거림이 얼마나 힘들었으면 '내가 큰아이를 싫어하고 둘째만 좋아해서 이렇게까지 괴로운 건가'라는 생각까지 하는 것 같습니다. 추측건대 둘째는 첫째보다 덜 징징거려서 예뻐 보이는 게 논리적으로는 더 맞는 것 같습니다. 아무리 아이를 사랑하는 엄마라도 징징거림까지 사랑스럽게 듣기는 어렵습니다. 그런데 그 아이가 첫째라면 '동생도 안 그러는데 큰 게 더 징징거린다'라는 생각에 더 화가 납니다. 아이가 둘 이상이라면 누구나 둘째가 징징거리는 것보다 큰애가 징징거리는 게 훨씬 더 괴롭습니다. 그런데 구조적으로 큰애가 더 징징거릴 수밖에 없습니다.

큰애 입장에서 보면 동생이 태어날 때까지는 아이는 엄마를 온통 독차지하고 살았어요. 그때는 엄마의 모든 관심이 나에게 왔고, 뭔가를 원하면 엄마는 총알같이 달려와 내 요구를 충족시켜주었습니다. 그런데 동생이 태어나면서 세상은 크게 달라졌습니다. 열 번을 불러야 두세 번 돌아볼 정도로 엄마의 관심이 줄었습니다. 돌아본다고 해서 관심을 주거나 원하는 것을 들어주지도 않습니다. 엄마는 오로지 동생만 보고 있습니다. 엄마 입장에서는 더 어린 둘째에게 관심을 더 주는 게 당연한데 큰애 역시 아이이기 때문에 이 상황을 이해할 수 없습니다. 엄마가 전과 달리 불러도 쳐다보지 않고 어떨 땐 짜증을 내고 끝까지 안 들어주는 일이 많아졌습니다. 이렇게 느낄 때 아이들은 반복해서 징징거릴 수밖에 없습니다.

"엄마, 빨리 해결해주세요."

그럼 대체 애들은 왜 그렇게 징징거리는 걸까요? 아주 간단합니다.

징징거림은 지금 뭔가를 빨리 해달라는 아이들의 요구 방식입니다. 특히 엄마가 딴 데 정신이 팔려 있어서 나에게 관심을 주지 않을 때 그걸 끌어당기는 방식입니다.

이 사실은 아주 쉽게 증명할 수 있어요. 아이가 혼자 있을 때는 징징거리지 않습니다. 엄마가 들을 만한 상황이 아니면 아무에게도 그런 행동을 하지 않습니다. 엄마가 나타날 때만 징징거리는 건 엄마만이 유일하게 아이가 원하는 것을 줄 수 있기 때문입니다. 유일한 애착 대상이기 때문입니다. 원하는 것을 스스로 가질 수 없는 아이들에게 자신의 욕구를 전달하는 징징거림은 SOS 신호와 마찬가지입니다.

징징거리는 행동만 놓고 보면 엄마를 힘들고 피곤하게 하는 대표적인 행동이지만 이 행동을 멈추려면 어느 정도 인지 능력이 성장해야 가능합니다. 가장 어린 아이는 욕구불만이 생기면 울음을 터뜨립니다. 여기에서 조금 크면 떼를 쓰고, 이보다 더 커야 울음이나 떼쓰기를 통제하고 징징거리는 거죠. 듣기 싫은 건 사실이지만 그만큼 컸구나 하고 긍정적인 점도 인정해주세요.

행동 이면의 발달 과정을 모르면 큰애는 억울해질 수 있습니다. 나름대로는 엄마에게 달려들지도 않고, 동생을 때리지도 않는데 엄마는 다 큰 게 징징거린다고 야단을 칩니다. 큰애에 대한 분노가 쌓이고, 심지어 아이가 일부러 나를 괴롭히는 것 같다는 피해의식도 생길 수 있습니다. 엄마가 이런 느낌을 가지면 아이는 아이대로 좌절감이 커져 더 징징거리는 악순환이 반복되고, 그러면 큰애가 징징거려도 밉고 징징거리지 않아도 싫어지게 됩니다. 첫째가 둘째가 태어난 이후에 겪는 환경적 변화를 살펴보면 아주 자연스러운 일이니 부정적 감정의 악순환을 조심하세요.

이 중에는 민감한 기질을 타고나서 징징거리는 애들도 있습니다. 이걸 어떻게 구별할 수가 있을까요? 기질 때문에 징징거리는 애들은 관심을 달라기보다는 불편한 걸 치워달라는 요구를 많이 합니다. "이게 싫어", "이걸 갈아 입혀줘"처럼 불편한 게 생기면 잘 참지 못합니다. 이런 경우는 너무 징징거리기 전에 빨리 들어주는 게 좋습니다. 아이는 괴로운 상태거든요.

징징거리는 아이를 다루는 데 있어서 제일 중요한 건 엄마의 반응입니다. 징징거림은 계속해서 방치하면 습관이 될 수 있습니다.

어떤 아이들은 정말 온종일 징징거립니다. 그래서 아이가 징징거리기 시작하면 오래 방치하지 말고 빨리 조치를 취하는 게 좋습니다.

아이가 원하는 것은 '관심'

아이가 징징거릴 때는 나름대로 이유가 있습니다.

원하는 게 분명해서 그걸 해결해주면 그치기도 하지만 징징거림의 가장 큰 원인은 관심을 달라는 것입니다. 엄마가 아기를 보느라고 큰애에 대한 관심이 끊어지면 아이는 스트레스를 받습니다.

예를 들면 아이가 심심해서 엄마를 불렀는데 엄마는 바빠서 서너 번 참으라고 했어요. 이 무렵 징징거림이 시작되는데 이것을 고치려면 초반에 단호하게 대처해야 합니다. 단호한 대처라는 건 그만하라고 제재하는 게 아니고, 일단 아이를 쳐다보고 반응을 보이면 그것만으로도 아이는 징징거림을 멈춥니다.

화를 내면서 "너 또 왜 징징거리는데?", "또 뭐야?" 하면 안 되고, "엄마한테 말하고 싶은 게 있어?"라고 하면 됩니다. 너무 친절하게 해도 안 됩니다. 징징거리자마자 엄마가 (친절을 포함해) 뭔가 좋은 걸 준다면 징징거리는 횟수가 늘어날 수 있어요. 그래서 무슨 일인지 확인하고자 하는 정도의 관심을 보여주세요. 이때 아이가 "숙제하는데 이게 잘 안 돼"라고 하면 "알았어. 잠깐 기다려"라고 말합니다. 길게 말할 필요 없이, 엄마가 이유를 알았으니까 잠깐은 지시에 따르라고 하면 됩니다. 이야기를 듣자마자 "엄마 바쁜 거 안 보이니? 그 정도는 너 혼자서 해"라고 하면 안 됩니다. 감정이 상하면 아이들이 처음에 뭐 때문에 징징거렸는지 잊어버리고 기분이 안 좋아지니까 다시 징징거리게 되거든요. 아이의 감정을 알아주면서도 "기다려야 해"라는 톤으로 말하세요. 사실 아이가 만족하진 않아요. 그렇지만 징징거림을 길게 반복하는 그런 습관은 여기서 많이 차단됩니다.

엄마가 요구를 들어줄지 말지 빨리 결정하지 못하고 어물쩍거리다 보면 이건 아이한테 희망 고문이 됩니다. 징징거림을 짧게 하려면 결정을 빨리 내려야 해요. 엄마가 우왕좌왕할수록 애들도 동요를 멈추지 못합니다. 해줄 수 있는 건 해주고, 안 되는 건 안 된다고 하고, 나중에 할 수 있는 건 그때 하자고 현실적인 대답을 해주세요. 아이가 다시 징징거리면, 이때는 아이의 말을 못 들은 척해야 합니다. 엄마가 분명한 지침을 줬는데도 또 징징거리면 그다음에는 무관심이 온다는 걸 가르치는 겁니다. 정서적으로 무시하는 게 아니라 징징거림이 아무 득도 안 된다는 학습을 시키라는 겁니다. 아이들도 사실 징징거리면 힘들거든요. 최선을 다했는데 오는 게 없으면 그만두게 됩니다.

여기에서 엄마들이 자주 하는 두 가지 실수를 짚어보겠습니다.

1 아이가 징징거릴 때마다 요구를 들어준다

집 밖에서 아이가 징징거리면 주변 사람들의 눈치를 보게 됩니다. 그러니까 아이 요구를 빨리 들어주어 조용히 시키고, 혼내는 건 집에서 하는 부모가 많아요. 그러면 이 아이는 밖에서 징징거리면 원하는 걸 훨씬 더 많이 가질 수 있다는 걸 배웁니다. '스위치'를 누르는 장소에 대한 정보를 습득한다는 것이죠. 아는 분 중에 옷가게를 하는 엄마가 있었어요. 아이를 봐줄 사람이 없어 방과 후에는 가게와 와 있으라고 했습니다. 한번은 손님이 있는데 아이가 나와 아이스크림을 사달라고 졸랐어요. 손님하고 얘기도 해야 되고 옷을 고를 수 있도록 도와줘야 하는데 아이가 이러면 너무 방해가 되잖아요. 그래서 얼른 돈을 주어 내보냈습니다. 이후에 어떻게 됐을까요? 아이는 손님이 오기만 하면 엄마에게 와서 간식을 졸랐고, 손님 앞에서 큰 소리를 내기 어려운 엄마는 계속 간식을 사줄 수밖에 없었습니다. 이처럼 특정 조건에서 좋은 걸 얻게 되면 아이는 이 관계를 학습하게 되고, 경험이 반복되면 반복될수록 애들은 그 스위치에 대한 강력한 믿음이 생깁니다. 스위치가 많이 생길수록 이제 애들은 더 많이 징징거리게 됩니다.

"이번에는 들어주는데 또 징징거리면 진짜 혼나"라는 말을 많이들 합니다. 그런데 이상하게 그다음에는 애가 더 징징거리죠. 엄청 혼내도 또 징징거려요. 엄마가 혼낸 다음에 작은 장난감이라도 사줬을 가능성이 높습니다. 아이가 원하는 걸 해주지 못한 불편한 마음, 심지어 아이를 혼냈다는 죄책감 때문에 해준 것도 결국은 징징거림에 대한 보상으로 작용합니다.

물건만 보상이 되는 건 아닙니다. 엄마가 자신도 모르게 주는 큰 보상이 있습니다. 징징거려서 혼낸 다음 혼난 아이가 시무룩해하면 미안한 마음에 다정한 모습을 보이는데 이 '다정함'이 보상이 됩니다. 그러면 애들은 중간에 혼난 건 잊어버립니다. 선물이든 엄마의 다정한 태도든 뭔가를 얻었으니까요.

2 열 번 중 한 번이라도 요구를 들어준다

엄마가 단호하게 아홉 번을 통제했어요. 그러다 한 번 정도는 괜찮겠거니 하면서 요구를 들어주면 애들은 어떻게 반응할까요? '우리 엄마는 사달라고 하면 잘 안 사줘'라고 생각하면 좋은데 '계속 조르면 사줘'로 학습되는 경우가 훨씬 많습니다. 어른들이 복권을 사는 마음과 똑같아요. 안 될 것을 알면서도 복권을 왜 살까요? 낮은 확률이지만 언젠가는 될지도 모른다는 기대 때문이죠. 아이들도 열 번 중에 한 번을 들어주면 언젠가는 되겠지 하는 기대로 훨씬 더 자주 징징거리게 됩니다. 스위치의 종류만 달라지지 징징거림이 멈추지 않습니다.

이런 이치를 깨닫고 거기에 맞춰 훈육하는 건 쉬운 일이 아닙니다. 많은 연습과 시행착오를 겪겠지요. 제 경험상 두세 달 정도 긴장하고 '반드시 정한 대로 한다'는 마음으로 밀고 가면 반 정도는 바뀝니다. 행동을 바꾸는 데 드는 시간은 그 행동이 지속된 정도에 비례합니다. 최근에 생긴 것이면 2~3주로도 충분하고, 그 이상이면 2~3개월만 바짝 해보세요. 이 시기에는 에너지가 많이 들기 때문에 다른 일을 좀 줄여보세요. 이를테면 아이한테 매일 책을 읽어주느라 힘들다면 그걸 좀 줄이세요. 그래서 엄마가 좀 여유가 생기고 그 에너지로 해보세요. 징징거림을 줄여주는 건 책을 읽어주거나 좋은 음식을 만들어주거나 놀아주려고 적극적으로 애쓰는 것보다 훨씬 더 중요한 일입니다.

5

아이가 난폭한 모습을 보여요

"일곱 살 남자아이를 키우고 있습니다. 아이는 밝고 명랑하지만 가끔 난폭해지곤 합니다. 갑자기 화내고 소리를 지를 땐 당황스럽습니다. 같이 화를 내야 하는지, 참고 기다려줘야 하는지 모르겠어요. 남자아이라 그런지 장난감도 총, 칼 같은 싸움 도구만 좋아하는데 그냥 내버려둬야 할지 사사건건 말려야 하는지도 모르겠네요. 폭력과 관련된 장면을 따라 하고 총이나 칼을 스스럼없이 들이대는 아이가 당혹스럽기만 합니다."

기질에 따라서는 공격적이고 격한 행동을 보이는 아이도 있습니다. 그런데 이런 생각을 같이 생각해보죠. 성격이 밝고, 모든 사람한테 친절한데 가끔 욱하는 모습을 보이는 사람이 있다고 해봅시다. 욱할 때는 집에 있는 물건을 던지고 욕도 하는데 이런 일은 기껏해야 일 년에 한두 번 있습니다. 그러고 나면 바로 예전의 모습으로 돌아오는데, 우리는 이 사람을 어떤 사람으로 평가할까요? '가끔인데 그럴 수도 있지'라고 얘기하나요? 만일 이런 사람이 내 남편이라면 어떨까요? 분명히 문제라고 생각할 겁니다.

반드시 통제해야 하는 행동

집단생활을 시작할 때 제일 먼저 배워야 하는 건 남을 다치지 않게 하는 것입니다. 모든 행동 중에서 가장 중요합니다.

아이가 길을 가거나 놀이터에서 놀다가 갑자기 다른 애를 때릴 수 있다면 이 아이는 혼자 있으면 안 됩니다. 아이를 돌보는 어른이 반드시 아이 옆에 있어야 합니다.

이런 행동을 고치지 않은 채 어린이집에 보내거나 학교에 보내면 문제가 됩니다. 누구와도 잘 지내지 못할 뿐 아니라 아이 자신도 다칠 수 있습니다.

갑자기 화내고 소리 지르는 행동을 밖에서는 하지 않고 집에서만 한다면 아이가 부모에게 순응하지 않는 것이니 부모-자녀 관계의 문제가 됩니다. 그렇지만 밖에서도 이런 모습을 보인다면 반드시 고쳐야 합니다. 사연을 보면 아이가 갑자기 화를 내고 소리를 지른다고 했는데 전후 맥락이 있을 것으로 생각합니다. 엄마의 어떤 말이나 행동을 꼬투리 잡아 그럴 것 같은데 이럴 때는 그대로 두지 말고 하지 말라고 말하세요. 그래도 중단하지 않으면 타임아웃과 같이 행동을 직접 통제하는 방법을 써야 합니다.

엄마가 아이에게 화를 내는 건 전혀 도움이 되지 않습니다. 참고 기다리는 것도 도움이 안 돼요. 참고 기다리는 동안 아이는 기분 내키는 대로 공격적인 행동을 충분히 할 테니까요. 어떤 식으로든 바로 중단하도록 해야 합니다. 학교에서 선생님이 그만하라고 하면 바로 행동을 멈춰야 하잖아요. 선생님의 제재에도 아이가 멈추지 않고 계속 화를 내고 소리를 지른다면 학교생활은 매우 어려워질 것입니다.

또한 총, 칼 같은 싸움 도구만 좋아하고, 폭력과 관련된 장면을 따라 하고, 총이나 칼을 스스럼없이 들이댄다고 했는데, 내버려두면 안 됩니다. 장난감일지라도 누구라도 다칠 수 있게 할 소지가 있다면 아예 사주지 않는 게 좋을 것 같아요.

칼이나 총 같은 장난감을 좋아할 수는 있죠. 그래서 몇 개 가질 수는 있는데 이걸 가지고 놀 수 있는 상황과 조건을 반드시 제한해야 합니다. 제 아들이 어렸을 때 비비탄 총을 너무 갖고 싶어 했어요. 하도 오랫동안 졸라 큰맘 먹고 사줬는데 사주면서 규칙을 정했어요. 집 앞에 조그마한 개울이 있는데 거기를 엄마와 같이 걸어가면서 물 쪽을 향해서만 쏠 수 있게 했어요. 제가 데리고 나갈 때만 총을 꺼내주고, 총탄이 어느 방향으로 가는지 일일이 확인했고, 사람들이 다가오면 못하게 하느라 정말 힘들었어요. 제가 이렇게 하니까 아들이 재미가 없는지 금방 집에 가자고 하더라고요. 자기 생각에는 영화 속 주인공처럼 빵빵 쏘고 놀고 싶었는데 엄마가 옆에 딱 붙어서 허공에만 쏘게 하니 당연히 재미가 없었겠죠. 제가 이렇게 강한 제재를 한 이유는 총알이 나가는 총을 갖고 놀려면 그 정도로 조심해야 한다는 걸 배우라는 것이었어요. 이 일 이후에 아들은 아예 무기 종류를 갖고 놀지 않았어요. 자기가 상상한 놀이는 현실에서는 불가능하다는 걸 그때 배웠던 게 아닐까요.

많은 남자아이가 총을 갖고 놀고 싶어 하고, 어떤 총은 총알이 발사되기도 합니다. 그리고 장난감 총을 쏘는 것 자체가 그렇게까지 폭력적이고 난폭한 행동이라고 볼 수는 없습니다. 하지만 만약 그 총알에 누군가가 맞아서 다치기라도 하면 그건 돌이킬 수 없는 일이거든요. '아이가 좀 과격하게 노네'라는 것과 이 아이가 누군가를 다치게 하는 건 굉장히 다른 문제입니다. 그래서 공격적인 행동은 심각하게 보고 반드시 통제를 해야 합니다.

6

아이의 말이 점점 거칠어져요

아이들이 언제까지나 사랑스럽고 예쁜 모습만 보여주면 참 좋을 텐데, 어느새 커서 엄마한테 대들기도 하고 말대꾸도 하면 참 난감하죠. 여섯 살 아들을 키우는 한 워킹맘은 아이가 커가면서 반항하는 강도가 점점 심해져서 고민에 빠졌습니다.

"요즘 들어 아이가 자기 마음에 안 들거나 서운한 상황이 생기면 '나 죽으면 좋겠지'라고 얘기해요. 아이가 가위를 가지고 놀기에 가위는 항상 조심해야 한다고 했더니 기분이 상했나 봐요. 가위 날 안으로 손가락 하나를 넣으면서 '손가락 잘라도 되지?'라고 하기에 '그러면 네가 아프지'라고 했더니 '그럼 나 죽어도 되지?'라고 더 강하게 말하더라고요. 어느 날 아침엔 종이 상자를 만들어달라고 하기에 저녁에 만들어주겠다고 했어요. 그랬더니 짜증을 내며 방으로 들어가 문을 잠그더라고요. 방문을 열라고 했는데도 열지 않아 문을 따고 들어갔습니다. '기분이 안 좋으면 왜 안 좋은지 생각해보고 엄마한테 말해줘'라고 했는데 아이는 저를 노려보면서 '엄마 때문이야. 싫어. 생각 안 할 거야'라는 말만 했습니다. '아침에는 시간이 없으니까 저녁에 만들어 줄게'라는 말을 열 번 정도 해서 마무리를 지었습니다. 말이 점점 거칠어지고 자기 뜻대로 되지 않을 때 엄마 때문이라는 말을 많이 하는데 괜찮은 걸까요?"

말 표현이 너무 격해서 여섯 살짜리가 하는 말이라고 믿기 어렵네요. 그런데 이런 식으로 격한 표현을 하는 아이들이 간간이 있습니다. 이럴 때 아이가 사춘기 아닌가 생각하는 부모님들이 있어요. 사춘기의 핵심은 반항이 아니라 2차 성징, 즉 신체적인 변화입니다. 반항적인 것처럼 보이는 행동은 사춘기에 나타날 수 있는 하나의 특징일 뿐 욱하는 행동을 사춘기 특징이라고 하지는 않습니다.

그럼 사춘기도 아닌데 아이가 왜 이렇게 심한 말을 할까요? 그 이유는 아이가 이런 말을 했을 때 부모가 훈육을 하지 않았기 때문입니다. 어린아이가 문제 행동을 하면 훈육이 필요한 상황이라고 이해하면 됩니다. 아이가 왜 그러는지, 내가 뭔가를 잘못했는지, 하고 생각하는 건 본질에서 벗어나는 것입니다. 훈육이라는 건 단순히 어떤 행동을 시키거나 못하게 하는 게 아니고 세상에 나가서 적응할 수 있는 태도를 갖추도록 하는 거예요. 대다수의 사람들이 동의하는 규칙에 순응하고 감정을 조절하는 능력을 키워주는 일입니다.

"가위 갖고 놀 때 조심해"라는 말에 기분이 왜 상했는지 모르지만 아이는 화를 벌컥 냈어요. 대부분의 사람들과는 다른 반응을 보인 거죠. 규칙에 순응하지 않겠다는 의도를 보였고, 감정 조절도 하지 못한 겁니다.

지금 엄마가 가장 걱정해야 할 문제는 집 밖에서도 이런 모습을 그대로 보일 수 있다는 거죠. 빨리 교정을 해주지 않으면 규칙에 따르고 감정을 조절하는 능력이 다른 아이들보다 미숙한 채로 성장할 수 있습니다.

그리고 엄마도 생각을 바꿀 필요도 있는 것 같습니다. 아이가 화를 내면 '마음이 상했나 보다'라고 생각해서 달래주거든요. 기분이 상한다고 그걸 다 표현할 수는 없는 게 집단생활이고, 특별한 경우가 아니면 누군가가 달래주지도 않습니다.

'지금 이 행동을 밖에서 한다면?'

감정을 솔직하게 표현하는 게 어떤 상황에서는 필요하지만 표현하는 방법에는 제한이 있습니다. 이럴 때 어디까지 허용하고 어디에서부터 통제해야 하는지 혼란스럽게 느끼는 부모들이 많습니다.

간단한 기준을 알려드릴게요. '지금 이 행동을 밖에서 해도 문제가 안 될까'를 생각하면 돼요.

바깥에서 다른 사람들에게 이렇게 하면 큰일 나겠구나 하는 생각이 든다면 바로 훈육을 해서 규칙에 순응하고 감정을 조절할 수 있게끔 가르쳐야 합니다.

하나 더 짚는다면 이 사연 속의 아이가 하는 반항은 보통의 또래들이 보이는 반항 행동과는 차이가 있는 것 같아요. 일단 너무 격한 표현을 한다는 겁니다. '내가 죽으면 좋겠지?'라는 말은 현실에서 듣기 어렵잖아요. 아이와 부모 관계가 어떤지, 상호작용을 어떻게 하는지, 엄마와 아이가 나누는 대화에서 그 실마리를 찾을 수 있을 것 같아요.

처음에 아이가 가위를 갖고 놀 때 엄마가 그냥 "가위 조심해"라고 말했어요. 그러니까 애가 갑자기 "손가락 잘라도 되지?"라면서 화를 내요. 그러니까 엄마가 "그럼 네가 아프지"라고 하니까 "나 죽어도 되지?"라고 나왔고요. 이 대화를 보면 아이와 엄마가 정서적으로 동떨어진 대화를 합니다. 아이는 엄마가 해달라는 걸 안 해주니까 화가 나서 말하는 건데 엄마는 일상적인 톤으로 대응을 합니다. 소통이 안 되는 상황이지요.

좀 더 이해하기 쉽게 어른의 예를 들어볼까요? 남편이 일찍 집에 왔어요. 그럼 아이를 좀 봐주면 좋겠는데 스마트폰만 하고 있어요. "일찍 왔는데 애 좀 봐주면 어때?"라고 얘기하면 좋은데 아내도 기분이 상해서 "뭐 하러 일찍 왔어?"라고 말해버렸어요. 이 말을 들은 남편도 화가 났죠.

"뭐? 알았어. 그럼 다시 나갈게."

"그래, 아예 들어오지 마."

"안 들어올 테니까 걱정 마."

남편이 쾅 하고 문을 닫고 나가버립니다.

혹시 익숙한 광경인가요? 우리 집에서도 자주 있는 일은 아닌가요? 글로 읽어보면 무엇이 문제인지 바로 알아차릴 수 있습니다. 대화를 하는 척하면서 서로 비아냥거린다는 겁니다. 비아냥대는 것은 언성을 높이지 않고 물리적인 위협도 하지 않는 공격 행위입니다.

이제 사연을 다시 읽어보세요. "그럼 네가 아프지"라는 엄마의 말이 비아냥으로 들리지 않았을까요? 엄마가 화나는 걸 꾹꾹 참는 과정에서 자기도 모르게 비아냥대는 투로 말하지 않았을까 하는 생각이 듭니다. 이런 일이 반복되었다면 아이는 엄마가 자신의 속상한 마음을 알아주지 않는다고 생각해 점점 더 센 표현을 하고, 행동도 점점 격해졌을 수 있어요.

훈육은 짧고 간단하게

그러면 이런 아이의 경우 어떻게 해야 할까요? 훈육을 할 때 많은 부모가 실수하는 부분이 있는데, 좋게 말하는 척하면서 간접적으로 화를 내고 아이를 꼼짝 못 하게 한다는 것입니다. 누구나 처음엔 소리를 지르지 않고 좋은 말로 타이르려고 하잖아요. 아이가 하는 말이나 질문에 다 대답하고 설명하고 설득하다 보면 점점 화가 치미는 거죠. 제가 항상 강조하는데, 훈육은 짧고 간단하게 끝내야 합니다. "질문은 나중에 해. 지금은 빨리 가서 이 닦아"라고 하면 돼요.

그럼 아이가 가위를 갖고 놀 때는 어떻게 할까요? 일단 안전한 가위를 주는 게 제일 좋겠죠. 엄마가 보기에 어린이용 가위도 좀 위험해 보일 수 있어요. 그런데 너무 과민하게 반응하는 것도 안 좋아요. 어차피 아이는 일정한 나이가 되면 가위를 갖고 놀 거고 어린이용 가위를 갖고 놀 때는 편안하게 두세요. 그래야 아이가 예민하게 굴지 않습니다. 계속 옆에서 잔소리를 하면 아이도 짜증스러울 수 있어요. 어른들도 나이 드신 부모님이, 비가 올지 모르니까 우산 가져가라, 날씨가 추워진다니까 더 입고 가라, 하는 말을 들으면 듣기 싫어지잖아요.

표현이 지나치게 강하다는 것 외에 사연 속 아이에게는 더 심각한 문제가 있습니다. 자기 기분이 상할 때 이걸 엄마한테 다 푼다는 점이에요. 엄마가 받아주니까 점점 더 엄마를 감정의 쓰레기통으로 쓰고 있습니다. 어린아이라도 기분이 다 풀릴 때까지 화를 내거나 소리치지 않습니다. 조금 그러다가 중단하지요.

이 상황에서 엄마가 먼저 해야 할 건 아이의 행동에 반응하지 않는 거예요. 아이가 방에 들어가서 문을 잠그면 그냥 두면 됩니다. 이 행동은 상황의 주도권을 자신이 가지려는 행동이거든요. 엄마가 반응을 하게 되면 지금까지 있었던 패턴이 반복되고 아이가 클수록 더 격해질 뿐 아니라 고칠 수 없는 습관이 됩니다. 방에 들어가면 못 본 척하고 스스로 나올 때까지 그대로 두세요. "나 죽어도 되지"라고 하면 안 들은 것처럼 해야 해요. 아이는 의미를 알고 하는 게 아니라 이 정도 말에는 엄마가 반응을 보이겠지 하는 마음으로 하는 겁니다. '죽는다고 말하는 것'과 '죽음'을 절대 같은 것으로 받아들이지 마세요. 엄마가 반응을 안 하면 아이의 말은 일시적으로 더 심해질 수 있습니다.

그래도 참아야 합니다. 아니면 평생 아이의 말에 휘둘리면서 살게 되니까요. 엄마도 엄마지만 아이도 이런 행동을 고쳐야 사람들과 원만하게 지낼 수 있습니다. 쉽지 않지만 여섯 살이면 충분히 기회가 있습니다. 더 늦기 전에 바로잡아주지 않으면 곧 학교에 가서 더 큰 문제가 될 수 있습니다. 아이에게 정말 중요한 시기이니 마음을 굳게 먹고 대처해나가시길 바랍니다.

7

아이가 엄마한테 집착해요

"아이가 엄마한테 집착해서 엄마와 아빠가 다정하게 지내는 것을 못마땅해합니다. 또한 작은 일에도 발끈하고 계속 트집을 잡습니다. 학습을 할 때 조그만 난관에 부딪혀도 다른 사람 탓을 하며, 스스로 하려고 하기보다는 주변 사람을 괴롭히는 형태로 문제를 해결합니다. 아이의 마음을 읽어주려고 노력하면 할수록 그런 횟수가 더 잦아지는 것 같아 갈피를 잡기 어렵습니다."

학습을 한다는 내용으로 봐서 다섯 살은 넘은 것 같습니다. 아이의 행동을 그럴 수도 있다고 볼 수도 있지만 어떤 각도에서 보면 문제일 수 있습니다. 무엇보다도 어떤 일이 생겼을 때 남 탓을 하는 것은 바람직하지 않은 생각입니다. 그런 말을 하는 것 자체도 문제가 될 뿐 아니라 그런 생각을 갖고 성장하면 피해의식이 과해지거나 책임감이 부족한 사람으로 성장할 수 있습니다.

또, 엄마한테 너무 집착해서 엄마와 아빠가 다정하게 지내는 것을 못마땅해한다고 했는데, 실제로 그런 아이들이 있습니다. 그런데 이 정도의 행동은 엄마에 대한 애착이 아니라 소유하려는 집착으로 볼 수 있어요. 집착은 엄마에 대한 의존도가 너무 높아 어떤 순간이라도 옆에서 자기의 요구를 들어줄 준비를 하고 있으라는 강요입니다. 엄마가 자신이 아닌 다른 데 관심을 두면 참지 못한다는 것인데 발달 과정으로 치면 돌 전후 아기의 행동입니다. 아이는 지금 엄마에게 미성숙하고 퇴행적인 모습을 보인다고 할 수 있습니다.

아이 스스로 감정을 달랠 수 있게 하라

그럼 아이는 왜 이런 행동을 보이는 걸까요? 아마도 엄마가 어린 아기 돌보듯이 아이를 대해주지 않았나 싶어요. 항상 기분을 맞춰줬다는 거죠. 배가 고프면 기분이 안 좋겠죠. 이때 먹을 것을 주면 기분이 풀어집니다. 기저귀가 축축하면 아이는 불쾌하겠죠. 이때는 기저귀를 갈아줘야 기분이 좋아집니다. 아이가 심심하면 같이 놀아줍니다. 아이가 어릴수록 엄마는 모든 상황에서 아이가 불쾌하지 않도록 해주는 역할을 합니다.

그런데 아이가 성장한다는 건 불쾌해도 좀 참고 다른 데로 주의를 돌리기도 하고, 대수롭지 않게 넘어가기도 하는 능력을 갖춘다는 겁니다. 어른이라면 내 일은 내가 알아서 하고, 기분 나쁘면 어떻게 해서든 풀려고 애쓰고, 기분이 좋아지려면 뭘 해야 하는지 알고 그걸 계획해서 하겠죠.

물론 살아오는 과정에서 그게 조금 흔들리는 시기가 있습니다. 언제일까요? 사랑하는 사람이 생겼을 때입니다. 심리학에서 연애나 결혼에서는 일시적인 퇴행 현상이 있다고 합니다. 아기처럼 보살핌을 받고 싶은 욕구가 올라오는 거죠. 그러니까 상대가 나를 무조건 즉각적으로 기분 좋게 해줘야 한다는 퇴행 심리가 생겨서 상대가 그걸 충족시켜주면 '이 사람하고 살면 평생이 행복하겠구나'라는 느낌을 받고 사랑이 지속된다는 거예요. 이 과정을 잘 넘어가면 퇴행과 성숙 상태를 유연하게 오갈 수 있게 됩니다. 둘이 있을 땐 좀 아기처럼 유치하고 미숙하게 행동하기도 하고, 필요할 때는 어른 대 어른으로서 상호작용을 한다는 거죠. 반면 이 과정이 원활하지 않을 때는 한쪽은 계속 아기로 남아 있고 한쪽은 계속 어른 노릇을 해야 합니다.

다시 아이 이야기를 해보죠. 아이가 지나가다가 테이블에 쿵 부닷혔어요. 예전에는 "테이블 때찌! 테이블 나쁘네"라고 말하는 부모가 많았어요. 어린아이들은 부모의 말을 사실이라고 생각합니다. 그런데 이렇게 잘못의 원인을 다른 곳에서 찾는 일이 반복되면 이런 생각을 자연스럽게 받아들입니다. '내가 실수했어'가 아니라 '재가 나빠'가 되는 거죠. 나한테 안 좋은 일이 생기는 건 남 탓이고, 그러니 남이 내 마음을 풀어줘야 한다고 생각해요. 그리고 그게 잘 풀리지 않으면 트집을 잡게 됩니다.

따라서 아이가 이런 모습을 보이게 된 이유를 정리해서 말하면 이렇습니다. 아이의 욕구를 지나치게 빨리, 민감하게 충족시켜주다 보니 좌절내구력이 성장하지 못한 것 같습니다. 엄마가 함께 있을 때 항상 아이를 기분 좋게 해줘야 한다는 일종의 강박이 있는 거죠. 그럼 어떻게 해결할 수 있을까요? 아이와 엄마 사이에 어느 정도 경계를 짓는 게 필요합니다.

이렇게 먼저 해보세요. 일단 다른 사람을 탓하는 말은 못 들은 척 하세요. "이건 네가 잘못한 거잖아. 남한테 그러면 안 돼"라고 타일러봤자, 아이가 좀 더 많은 탓을 할 수 있는 기회만 줄 뿐입니다. 아이가 트집을 잡을 때 역시 대답하지 마세요. 만약 트집을 잡으면서 뭔가를 요구한다면 "네가 좋은 말로 해야 엄마가 들어줄 수 있어"라고 하세요.

마음 읽기는 만능 열쇠가 아니다

엄마들이 마음 읽기에 대해 오해하는 부분이 있습니다. 아이가 잘못된 행동을 했을 당시에는 마음을 읽어주는 것보다 그 행동은 잘못된 것이라는 점을 깨닫게 해야 합니다. 남을 괴롭히는 행동을 하는데 그 마음을 읽어주면 어떻게 될까요? "나 쟤 때리고 싶어"라고 하는데 "그래, 네가 쟤를 때리고 싶구나"라고 하면서 마음을 읽어주는 건 그래도 된다는 뜻이 전달됩니다. "그래도 하면 안 돼"라고 해야죠.

지금은 아이가 트집을 잡는 게 문제가 아니라 엄마와 아이의 관계를 점검해볼 시기입니다. 특히 일하는 엄마의 경우 아이와 많은 시간을 함께하지 못한다는 죄책감 때문에 함께 있을 때는 아이가 원하는 모든 것을 해주려고 하는 경우가 있어요. 그 결과 아이는 엄마한테 더 집착하게 되고, 이렇게 되면 엄마도 아이도 모두가 힘들어집니다. 아이와의 경계를 짓는 것에서부터 시작해보세요. 아이의 행동이 훨씬 좋아질 겁니다.

8

아이가 자기 주관이 너무 강해요

"자기 주관이 뚜렷하고 평소 대쪽 같다는 소리를 많이 듣는 일곱 살 남자아이를 키웁니다. 저희 아들은 지식이든 상황이든 납득되지 않으면 계속 묻고 따져서 버거울 때가 있습니다. 제가 어떤 행동을 했을 때 아이가 그걸 이해하지 못하면 화를 내면서 "미안해라고 세 번 해줘"라고 합니다. 어떻게 가르쳐주면 될까요?"

이 사연에서는 아이의 행동이 괜찮은지 문제인지 애매하고, 만일 문제가 있다면 무엇인지 파악하는 게 쉽지 않습니다. 주관이 뚜렷하다거나 대쪽 같다는 말을 듣는다는 건 장점 아닌가 이런 느낌을 주기도 하죠. 문제를 확인할 때는 추상적인 단어로 평가한 내용이 아니라 구체적인 행동을 가지고 파악해야 합니다. 아이는 이해가 안 되는 말을 들으면 납득될 때까지 계속 묻고 따진다고 하는데 이런 행동은 괜찮다, 안 괜찮다로 판단하기는 애매합니다. 그런데 납득이 안 될 때 엄마에게 "미안하다고 세 번 해줘"라고 하는 건 분명 문제입니다. 이런 행동을 집에서뿐 아니라 밖에서도 보이면 대인관계에 어려움을 보일 수 있습니다.

일곱 살이면 아직 학교에 가지 않은 나이라 이런 행동을 보인다고 해서 크게 지적받거나 갈등이 생기진 않을 것 같아요. 그런데 학교에 가면 친구들은 이런 행동을 받아들이지 않습니다.

세상은 아이 중심으로 돌지 않는다

우선 아이는 왜 이런 행동을 보일까요? 자기 주관이 뚜렷하다거나 대쪽 같다는 단어는 성격에 해당하지 않습니다. 대쪽 같다는 말은 옛날이야기나 위인전에 나오는 지조 있는 선비를 연상시키는데 이런 평을 들으려면 사고와 판단력이 성숙해야 합니다. 예를 들어 '사적인 이익보다 공적인 게 더 중요하다고 생각해' 같은 식의 생각으로 뜻을 굽히지 않는다면 이런 말을 들을 수 있겠죠. 그리고 주관이라는 건 무조건 우기는 고집이 아니라 특정한 사상에 대한 '신념'이라는 뜻입니다. 이런 표현 자체가 아이 나이에 맞지 않죠.

주관이 뚜렷하고 대쪽 같다고 하는 건 자기 생각을 쉽게 안 바꾸고 세세한 것까지 물어서 확인하는 행동을 의미하는 것 같아요. 아이 행동이 혹시 '쓸데없이 고집부리고 생각을 바꾸지 않는다. 융통성이 없다'는 건 아닌지 고민할 필요가 있습니다. 가족이니까 객관적으로 볼 수 없다면 주위의 솔직한 의견을 들어보는 것도 도움이 됩니다. 그런데 아이의 행동으로 봤을 때 뭔가를 물어보고 따지는 것을 부모님이 긍정적으로 본 것 같아요. 아이 의견을 많이 받아들여주니까 아이는 '내 생각이 옳아'라는 태도를 갖게 되지 않았을까요?

납득될 때까지 묻고 따지는 행동은 문제가 될 소지가 있습니다. 아이들로 하여금 지시에 따르게 하거나 규칙을 지키라고 할 때 아이 수준에 맞게 설명하기 어려운 경우가 많거든요.

학교에 가기 시작하면 "왜 학교에 꼭 가야 해?"라는 질문을 하는 아이들이 꽤 있습니다. 그러면 엄마가 이렇게 답하겠죠.

"배워야 하니까."

"왜 꼭 배워야 하는데?"

"배워야 훌륭한 사람이 되지."

"나는 안 훌륭해지고 싶어."

이렇게 되면 말문이 막히고 아이를 설득할 방법이 없어지죠. 이를테면 아침 몇 시까지 가야 하고, 숙제는 꼭 해야 하고, 학교에서 규칙을 지켜야 하는 것 등은 이 나이에는 받아들이고 순응해야 하는 것들이거든요. 그런데 이런 것들을 아이가 따지고 물을 때마다 엄마가 열심히 대답해준 것 같아요. 이런 식으로 대해주면 아이는 납득이 안 되는 지시는 따를 이유가 없다고 생각하게 됩니다. 이것이 습관이 되면 매사에 토를 다는 어른이 될 수도 있어요. 만일 신입사원에게 9시에 출근하라고 하니까 "저는 집이 먼데 꼭 그래야 하나요? 좀 늦게 와서 점심시간에 일하면 안 되나요?"라고 한다면 누가 그 이야기를 들어줄까요.

그리고 가장 걱정되는 부분이 마지막 부분입니다. "'미안해'라고 세 번 해줘"라는 말은 '난 이해가 안 되니까 이건 네가 잘못한 거야'라는 의미인 것 같습니다. 그리고 '잘못한 너는 내가 하라는 대로 해'라면서 자신이 이해하지 못한 걸 상대방 책임으로 돌리는 거죠. 무언가를 이해하려면 필요한 걸 배워야 하고, 상대 입장도 알아야 하고, 논리적 사고도 가능해야 합니다. 또 이해가 안 가면 이해하려고 애쓰는 게 바람직한 행동이죠.

그런데 아이는 이해가 안 간다는 게 엄마 책임이라는 듯이 행동합니다. 이 행동을 학교에서 했다고 생각해보죠. 어떤 아이가 모르고 툭 쳤는데 "너 왜 쳐?"라고 해요. 저학년이라면 상대 아이는 자기가 어떤 행동을 했는지 모르는 경우가 많습니다. 우연히 움직이다가 치고 그럴 수 있으니까. 그래서 "응? 모르겠는데"라고 했을 때

"네가 먼저 쳤으니까 '미안해'라고 열 번 말해"라고 한다면 학교생활이 어떻게 될까요?

집단마다 규칙이 다름을 가르쳐라

따라서 엄마가 행동을 바꿔야 합니다. 아이가 묻고 따질 때 세 번에 한 번 정도는 "엄마가 하라는 거니까 그냥 해야 해"라고 말해야 해요. 우리가 일상이라고 하는 것 중에 납득하고 하는 것이 얼마나 될까요? 예를 들어 쓰레기 종량제가 처음 시작됐을 때 납득하지 못하는 사람도 많았습니다. 하지만 법이고 규칙이니까 하는 거죠.

예를 들면 날씨가 좀 추워져서 엄마가 아이한테 좀 두꺼운 옷을 입혔어요.

"난 이거 싫은데 왜 꼭 입어야 해?"

"날씨가 추워."

"난 안 추워."

이렇게 말하면 그렇구나 하면서 얇은 옷을 입혀서 보내는 게 부모로서 맞는 행동인가요? 아니죠. "엄마가 주는 것 입고 가"라고 말해야죠. 날씨가 춥다는 걸 납득시키려고 하면 그 상황은 끝나지 않습니다. 그 과정에서 반발이 있을 수 있는데 그래도 끝까지 시켜야 합니다. 몇 달 동안 이 훈련을 해야 하는데, 아빠가 더 단호하게 잘

하면 아빠가 하는 것도 좋습니다.

그리고 어린이집이나 유치원 선생님에게 아이가 다른 아이들과 잘 지내는지 한번 확인해보세요. 어린이집이나 유치원에서 비슷한 행동을 보인다면 선생님이 알고 있을 거예요. 그런 행동 때문에 다른 아이들과 갈등이 있다면 빨리 고쳐주어야 합니다.

엄마 힘으로 어렵다면 행동 변화를 도와주는 전문가에게 도움을 받아보세요. 최근 들어 비슷한 행동으로 어려움을 겪는 아이들이 늘어났는데 나이가 들수록 행동을 고치는 데 시간이 많이 걸립니다. 물론 아이의 행동이 병은 아니지만 이런 태도를 가지고 집단생활을 하게 되면 아이가 많이 힘듭니다. 이런 문제로 상담을 청하는 경우가 많이 늘었는데 그렇다는 건 엄마 힘으로는 고치기 어렵다는 방증이기도 합니다. 우선 두세 달 정도는 어머니가 양육 태도를 바꿔서 시도를 해보되, 정말 걱정되고 실제로 문제의 소지가 있다면 전문가를 찾아서 빨리 도움을 받길 바랍니다.

9

혼내는 엄마,
말대꾸하는 아이

아이들이 커갈수록 말대꾸를 하기 시작합니다. 아이가 잘못해서 혼을 내면 꼬박꼬박 말대꾸를 해서 더 화가 치민다고 말하는 부모가 많습니다.

우리는 '말대꾸'라는 말을 다 알고 있다고 생각하지만 아이들 행동을 지적하기 전에 말대꾸가 무엇인지 생각해봤으면 합니다.

제 딸이 초등학교 4학년 때 한번은 진지하게 이런 질문을 했어요. "아빠가 대답해보라고 해서 대답했는데 왜 말대꾸한다고 그래?" 애가 뭔가 잘못해서 "도대체 왜 그랬어?" 하니까 궁금해서 물어본 줄 알고 이유를 말했던 거죠. 그러니까 남편은 아이가 자기 잘못을 모르면서 말대꾸만 한다고 생각해 다시 혼을 낸 상황이었어요. 딸아이는 어떤 게 대답이고 어떤 게 말대꾸인지 모르겠다고 했어요. 그 답은 '부모가 원하는 말은 대답이고 원치 않는 말은 말대꾸야'였어요. 그렇지 않나요? 일단 말대꾸와 대답을 아이들은 구별을 못 한다는 걸 알면 부모가 덜 화가 나지 않을까요?

아이들은 대답과 말대꾸를 구별하지 못한다

아이에게는 구체적이고 직접적으로 말하지 않으면 이해하지 못하는 경우가 많습니다. 알아듣는다 해도 따르지 않을 수 있죠.

"가서 숙제해."

"좀 있다가 할게."

"지금 해."

"왜 지금 해야 해? 숙제 많지도 않아."

이렇게 되면 부모는 아이한테 꼬박꼬박 말대꾸한다고 혼을 냅니다. 반면 아이 입장에서는 '그냥 내 생각을 말한 거야'라고 할 수 있죠. 참 애매하지 않습니까?

그래서 말대꾸라는 단어를 사전에서 찾아봤어요. '남의 말을 그대로 받아들이지 않고 그 자리에서 자기 의사를 나타낸다'라고 되어 있어요. 재미있는 건 어른끼리는 서로 다른 의견을 내도 말대꾸한다고 하지 않는다는 거죠. 반면 아랫사람이 내 말에 대꾸를 하면 말대꾸한다고 표현합니다. 다시 말해 아이들을 동등한 대화 상대로 보지 않는 것입니다. 물론 꼭 해야 할 일을 지시할 때는 아이의 생각과 상관없이 단호하게 시켜야 합니다. 해야 할 과제는 하는 게 맞지만 아이들이 말대꾸를 하는 게 잘못된 건 아니죠.

이런 점도 생각해보세요. 아이가 다른 사람이 말하는 것이나 시키는 것을 곧이곧대로 듣기만 한다면 어떻겠어요? 심지어 좋지 않은 일을 시켜도 별소리 없이 한다면 그것 또한 문제일 겁니다. 이럴 때 많은 부모가 "너는 왜 네 주장도 못 해?"라고 하겠죠.

그러니까 말대꾸라는 건 어른들이 아이를 굴복시키기 위해 자의적으로 쓰는 말이에요. 말대꾸라는 말 자체에 감정이 실려 있다는 거죠. "말대꾸하지 마"라는 소리를 들으면 아이는 무시당한 느낌을 받을 수 있어요. 모욕적이라고 느낄 수도 있고 조금 더 크면 화가 날 거예요. 부모가 나를 강압적으로 대한다는 생각이 들겠죠. '네 생각 같은 건 중요하지 않아. 그냥 시키는 대로 해'라는 의미가 말대꾸라는 단어에 함축되어 있고, 이것은 권위주의의 전형적인 태도입니다.

특히 사춘기 때는 정말 이 단어를 조심해서 써야 해요. 왜냐하면 그때는 자기 생각이 아주 뚜렷해지는 시기이기 때문입니다. 그걸 억누르려고 하면 할수록 아이의 생각은 부모와 반대되는 쪽으로 튀게 됩니다. 논리적 사고가 발달해서 부모의 이야기를 조목조목 따질 수도 있는데 논리에서 밀리면 부모의 권위가 더 떨어지고 맙니다.

이런 상황은 가급적 만들지 않는 게 제일 좋습니다. 부모가 아이를 논리로 꺾으려고 아무리 애써봤자 아이들은 꺾이지 않아요. 그 이유는 논리 발달의 속도와 현실 판단력 수준은 차이가 크기 때문이에요. 예를 들어 학교에 가라는 부모의 말에 아이가 '학교에서만 공부해야 되는 건 아니잖아. 나는 학교에 안 가고 혼자서 공부할래'라고 하면 논리적으로 반박하는 게 어렵습니다. 학교에 안 간다는 게 어떤 의미이고, 어떤 위험 가능성이 있는지 아이는 전혀 모릅니다. 세상사는 우리가 생각한 대로 흘러가지 않습니다. 그래서 현실 판단력은 다양한 경험을 한 뒤에야 생기는 것입니다.

그러니까 아이들이 미숙한 논리로 자기 생각을 고집하면 '그만큼 컸구나' 생각하고 부드럽게 넘어가주세요. 사소한 건 그냥 들어주고 인정해주면서 아이의 의견을 존중하는 분위기를 만들어주는 게 좋습니다.

물론 부모 입장에서 양보할 수 없는 부분도 있을 수 있어요. 하지만 부모가 양보할 수 없는 게 많을수록 힘들어져요. 한번은 강의에 온 엄마가 자기 아이가 밥을 많이 안 먹어서 고민이라고 하더군요. 아이가 중학생인데 말이죠. "왜 먹는 걸 갖고 아직도 그러세요?" 했더니 아이가 키가 작대요. '내 생각에 너는 더 먹고 더 일찍 자야 해'라든가, '학생이니까 적어도 남들만큼은 학원에 다녀야 해'라든가,

부모 입장에서는 이런 게 옳은 논리인 것처럼 생각되지만 그런 부모의 논리나 고집이 많을수록 아이와 부딪힐 수밖에 없습니다. 아이가 커나갈수록 부모도 점점 더 타협하는 법을 배워야 합니다.

10

매사에 예민하고 잘 삐져요

'우리 아이는 왜 이렇게 예민할까?' 이런 고민을 하는 부모들이 있을 겁니다. 열한 살 딸과 일곱 살 아들을 둔 엄마가 이런 고민을 보내왔습니다.

"첫째 딸은 뭘 해줘도 "좋아, 해볼래"가 기본인데, 둘째 아들은 어떤 일이든 두렵고 하기 싫은가 봅니다. 큰아이는 모든 게 별 무리 없이 진도가 나갔는데 둘째는 뭘 시도하기가 힘들어요. 그런데 아들은 감정의 기복이 심하고 예민한 스타일이라 뭔가 항상 불만이 있어 보이고 참 잘 삐져요. 설득도 해보고 협박도 해보고 여러 가지를 시도해보는데 먹히는 게 별로 없네요. 감정을 하나하나 읽어줘야 하는지, 무시를 해야 하는지 도무지 알 수가 없어요."

엄마는 둘째 아이가 다른 남자아이들보다 감정 기복이 심하고 예민하다고 했어요. 남자아이들은 단순해서 키우기 편하다고 하던데 잘 놀다가도 조금만 기분이 나쁘면 삐진다는 거죠. 체력도 정신력도 바닥이 보이고 자신이 나쁜 엄마가 되어가는 느낌이라고 했습니다.

'엄마가 내 마음을 알아줬으면…'

그런데 이런 상황은 절대 엄마가 나빠서 생긴 게 아닙니다. 다만 아들 입장에서는 '엄마는 참 내 마음을 알아주지 않는다'라고 느낄 것 같아요. 아이가 잘 삐친다고 하는데 아이 나름대로 이유가 있을 겁니다.

사연을 보면 우선 엄마는 큰애와 비교를 합니다. "우리 이거 해볼래?"라고 했을 때 큰애는 흔쾌히 하는 반면 둘째 아이는 안 한다는 거죠. 엄마는 큰애한테 기준이 맞춰져 있기 때문에 이 아이가 좀 문제라고 생각하고 있어요. '왜 못한다고 그러지? 왜 싫어하지? 누나는 다 했는데, 다 좋다 그랬는데.' 큰애가 한다고, 싫다는 둘째에게도 계속 압력을 주니까 삐치는 모습을 보이는 것 같아요.

예를 들면 외식을 하는데 남편은 곱창을 먹고 싶다고 하고 아내는 곱창을 먹기 싫다고 합니다. 남편은 "곱창을 왜 싫어해?"라고 하고 아내는 곱창이 그냥 싫다고 해요. 남편은 맛있으니까 한번 먹어보라고 하고 아내는 싫다고 합니다. 이러다 말다툼이 일어납니다. 좋고 싫은 건 내 기호인데 상대방이 그걸 인정하지 않으니까.

아들은 무서워서 하기 싫을 수 있는데 엄마가 "그게 왜 무서워?"라고 하면서 무서운 감정을 이해해주지 않으니까 '엄마는 내 마음을 몰라'라고 생각하게 되죠. 아이들은 엄마가 너무 중요한 대상이기 때문에 그만큼 섭섭함이 큽니다.

이 내용은 기질로도 설명할 수 있습니다. 첫째 아이와 둘째 아이는 기질이 아주 다른 것 같아요. 정확히는 기질의 차원 중에서 위험회피 성향이 다른 것 같습니다. 큰애는 위험회피가 높지 않고 오히려 평균보다 낮을 수도 있어요. 이런 아이들은 낯선 상황에 대해서 두려움이 별로 없어요. 두려움이 없다는 건 용기가 있다든지 씩씩하다든지 하는 것과는 다릅니다. 그냥 우리가 태어날 때 낯선 것에 대해서 접근하는 방향의 신경세포를 가진 사람과 그렇지 않은 사람이 있어요. 반면에 둘째는 위험회피 성향이 높은 아이인 것 같아요.

이건 어른들도 똑같습니다. 예를 들어 놀이동산에 가서 빠르게 도는 청룡열차를 좋아하는 사람도 있고 질색하는 사람도 있습니다. 둘째 아이는 낯설고 새로운 게 위험하게 느껴지는 거고 그 감정을 표현하는 겁니다. 그런데 엄마가 그 감정을 잘 수용해주지 않으니까 마음이 상하는 거죠.

그리고 엄마가 둘째를 좀 편치 않게 느끼는 걸 보면 엄마도 위험회피 성향이 낮은 것 같아요. 이런 기질의 차이는 양육에 매우 큰 영향을 미칩니다. 그래서 이걸 양육의 궁합이라고 말하기도 합니다. 엄마와 아이의 궁합이 맞으면 양육이 좀 수월한 반면, 궁합이 안 맞으면 좀 더 품이 드는 게 사실입니다.

그렇다고 너무 걱정할 필요는 없습니다. 아이와 엄마의 성향이 좀 다른 걸 알았다면 그걸 인정해주면 됩니다. 아이마다 맞는 환경이 있다는 것을 이해하면 그로 인해 소진되는 에너지를 조금은 줄일 수 있을 것입니다.

"뭐가 무서워?"라고 하는 대신에 이 아이한테 적합한 환경은 어느 것인지, 아이가 한 번에 감당할 수 있는 변화는 어느 정도인지 파악해보세요. 그리고 아이의 특성에 맞게 새로운 것을 조금씩 시도해나가야 합니다. 그저 쉽게 아이가 잘 삐진다고 하기보다는 아이의 민감성과 특성을 잘 관찰하고 인정해주세요. 그리고 거기에 맞춰 양육해주세요. 그래야만 아이와 엄마 모두 정서적으로 편안하게 함께 살아갈 수 있습니다.

11

아이가 뒤끝이 너무 길어요

"세 아이의 엄마인데 여섯 살 첫아이가 뒤끝이 매우 깁니다. 집에 있다가 나가자고 하면 계속 이유를 대고 꾸물거려요. 밖에 있다가 집에 가자고 하면 그 역시 싫어하면서 시간을 엄청 끕니다. 어린이집에서 친구 누구 때문에 서운했다는 이야기를 그다음 날 아침까지 반복합니다. 어린이집에서도 친구들과 잘 어울리지 못하는 것 같아 고민입니다. 친구들과 잘 놀 때도 있지만 아이가 만든 장난감에 다른 애가 손을 대거나 친구들이 같이 놀자고 장난을 치면 공격당한 것으로 느끼고 자기를 괴롭힌다고 말합니다. 마음대로 안 되면 쌍둥이 동생들 탓, 엄마 탓도 자주 하고요. 예민하고 소심해 보이는 아들이 걱정입니다."

기분이 상하면 그걸 오래 기억하고 반복해서 표현하는 아이인 것 같습니다. 그런데 아이가 뒤끝이 긴 것은 엄마와 관련이 있을 수 있습니다. 무슨 일이 있었을 때 탓을 하거나 서운하다는 말을 반복적으로 한다는 건 상대가 알아주지 않아 마음이 풀리지 않았기 때문입니다. 이런 일이 반복되면 사소했던 감정이 억울하고 서운한 지경까지 갈 수 있어요.

우선 첫째와 쌍둥이까지 셋을 키우고 있는 엄마로서는 아이들을 씻기고 먹이는 것만으로도 에너지가 모두 소진될 것 같아요. 체력도 달리고 시간도 없고 신경 쓸 일도 너무 많겠죠. 여러 아이를 키울 때 당연한 결과지만 각 아이한테 가는 엄마의 에너지나 애정 표현이 크게 줄어듭니다. 게다가 둘째와 셋째가 쌍둥이다 보니 큰애한테 가는 관심이 많이 줄었을 겁니다. 큰애로서는 엄마와 단둘이 있을 때와 아주 다른 환경에서 살게 된 겁니다. 아이가 지금 하는 행동들은 동생들이 생기면서 나타난 변화인 것 같아요. 나 혼자 엄마를 독차지하고 살다가 갑자기 두 명의 침입자가 생긴 겁니다. 전혀 통제도 안 되고 자기 마음대로 하고 똥오줌 싸는 이상한 존재가 갑자기 나타났는데 엄마나 다른 어른들도 그 애들만 보고 예뻐합니다. 침입자죠. 내 것을 나눠야 하고 얘네들이 내 영역을 침범해도 내가 어떻게 할 수 없고 이런 상황에서 피해의식을 느끼는 건 당연합니다.

아이의 서운함을 줄이는 방법

아이가 누구누구 때문에 서운했다는 말을 여러 번 한다고 했는데, 지금 아이는 무엇을 하건, 어디에 있건 서운함에서 벗어나기 어려울 겁니다. 인생을 흔드는 큰 변화 때문이죠. 어린이집에 가서도 비슷한 일이 생기면 서운하고 화가 나겠죠. 이처럼 어떤 경험의 확장으로 이해하면 됩니다.

그다음에 집에 있다가 나가자고 하면 이유를 대고 꾸물거리거나 밖에 있다가 집에 가자고 하면 시간을 끈다고 했어요. 동생들이 있다 보니까 밖에 나가고 들어올 때 내 마음대로 할 수 있는 부분이 굉장히 줄었거든요. 그러다 보니까 전반적으로 좀 저항하려는 태도가 생기지 않았나 생각돼요.

엄마가 나름대로는 '동생이 태어나서 애가 힘들겠구나' 하고 많이 이해를 해주었던 것 같은데 힘들다 보니 화가 나기도 하고 걱정도 되고 마음이 복잡한 상태로 보여요. 즉 아이가 동생들 때문에 힘든 것도 당연하고 엄마가 이렇게 느끼는 것도 당연하다는 겁니다.

그런데 사람들은 환경이 변하면 거기에 적응해야 합니다. 마찬가지로 아이도 바뀐 환경에 적응해야 합니다. 엄마 입장에서도 큰애가 안쓰럽지만 그렇다고 큰애만 바라볼 수 있는 상황이 아니잖아요. 이런 상황에 제일 효과적인 방법은 일정 시간을 정해서 동생 때문에 힘들었던 것, 억울했던 것, 화나는 것을 좀 들어주는 거예요. 가능하면 좀 조용할 때, 동생들이 잘 때. 다만 공감을 너무 강하게 해주면 아이는 서운하다고 느끼는 게 아니라 무언가 잘못됐다고 생각합니다. 동생들 잘못을 이르면서 엄마에게 동의를 받으려고 하면 엄마 입장이 난처해질 수도 있습니다. 억울하다는 말을 하면 할수록 그 감정이 더 강해질 수 있거든요. 5분에서 10분 정도 "동생들 때문에 힘들지. 엄마가 봐도 그런 것 같아"라고 하면 아이가 얘기를 하겠죠. 그에 대해 과잉 반응하지 말고 "맞아, 맞아. 그랬겠다. 그렇구나" 하고 10분 정도 들어주세요.

그런 다음 "그런데 엄마는 네가 동생들이 이렇게 괴롭히는데도 화를 많이 안 내는 게 참 기특해" 하고 첫째로서의 바람직한 행동을 칭찬해주세요. 이렇게 해주면 두 가지 면에서 효과가 있습니다.

하나는 억울한 마음이 줄어든다는 것입니다. 동생이 뭔가를 빼앗아가서 동생이 내 삶을 침범한 것 자체가 화가 난 건데 그 마음을 안 알아줄 때 억울한 것이거든요. 엄마가 "그래, 그랬겠다" 하면서 마음을 알아주면 억울한 마음은 줄어듭니다.

그렇지만 이 시간을 빼고 나머지 시간에는 엄마가 생각하는 규칙대로 아이를 대하는 게 맞아요. 아이가 동생이 어쨌다 저쨌다 할 때 흔들리지 말고 규칙대로 하면 규칙에 대해 저항하는 정도도 같이 줄어들 것입니다.

다른 하나는 아이에게 바람직한 행동이 무엇인지를 알려주는 효과가 있습니다. 화를 많이 내지 않는 것뿐 아니라 동생과 싸우지 않고 놀기, 엄마 일을 도와주는 것 등 칭찬받을 만한 행동을 알려주고, 그런 행동을 할 때마다 칭찬해준다면 아이는 억울해하는 대신 바람직한 행동을 통해 엄마의 관심을 받으려고 노력합니다.

이렇게 해서 아이의 억울한 마음은 줄이면서 규칙도 잘 따르도록 해보길 바랍니다.

12

참을성 없는 아이, ADHD일까요?

일단 일을 저지르고 보는 아이들이 있습니다. 그러면 부모는 "너는 생각이 있니 없니, 생각을 좀 하고 해"라고 말하게 됩니다. 그런데 아이들은 부모를 괴롭히려고 일부러 이런 행동을 하는 것은 아닙니다. 화내고 야단치기 전에 왜 이런 행동을 보이는지 알 필요가 있습니다.

"초등학교 1학년 아들이 참을성이 없어서 걱정입니다. 학교에서는 장난을 치거나 수업을 방해해서 경고를 받기도 한대요. 우리 아이가 심한 편인지 담임 선생님에게 물어봤을 때는 아주 심하지는 않다고 했고 남자아이들은 거의 다 장난을 친다고 했어요. 그런데 요즘 거의 매일 경고를 받고 있어요. 이유는 수업 시간에 혼자 떠들었다, 국악 시간에 혼자만 악기를 세게 쳤다, 수업 시간에 혼자 연필과 자로 장난을 쳤다, 그런 거더라고요. 저희 아들, 이대로 괜찮을까요?"

참을성이 없는 아이라고 했는데요, 참을성은 자연스럽게 하게 되는 행동을 인위적으로 중단하는 것을 의미합니다. 배가 고프지만 반만 먹고 숟가락을 내려놓는다거나 잠이 오지만 늦게까지 공부를 하거나 하는 것은 모두 억제 능력을 필요로 합니다. 욕구를 억제하는 것이지요.

성장이라는 측면에서 보면 무언가를 하는 것보다 억제하는 게 훨씬 더 어려운 기능입니다. 아이들이 걷는 걸 배울 때를 보면 걷기 시작하는 건 비교적 수월하게 하는데 멈출 때는 훨씬 어렵게 멈춰요. 걷다가 멈추는 걸 '반응 억제'라고 하는데, 이 시기에는 반응 억제가 걷는 걸 멈추는 거지만 좀 더 크면 행동하기 전에 생각하는 걸 의미합니다.

참을성이라는 말에 대해서도 생각해보죠. 일상적으로 쓰는 단어이고 누구나 그 뜻을 안다고 생각하지만 자세히 살펴보면 여러 가지 의미로 해석될 수 있습니다. 기다리지 못하는 것도 참을성이 없다고 하고, 분노 조절이 안 되는 것도 참을성이 없다고 표현합니다. 반대로 아픈 걸 표현하지 않거나 화를 안 내는 걸 보고 참을성이 있다고 말하기도 하죠.

사연의 아이가 보이는 문제는 참을성 부족보다는 '충동성'인 것 같아요. 충동성은 어떤 욕구가 생겼을 때 참지 못하고 바로 행동으로 옮기는 걸 의미합니다. 충동성이 보통 아이들보다 훨씬 더 강할 때 우리가 가장 먼저 생각해볼 문제는 주의력 결핍 과잉행동 장애(ADHD)입니다.

또래에 비해 정도가 심하다면

ADHD의 특징은 크게 두 가지로 볼 수 있습니다. 첫 번째는 주의력 결핍입니다. 쉽게 산만해지고 어떤 과제를 끝까지 하지 못하고, 아는 것도 실수로 틀리곤 합니다. 이런 경우에 집중력이 부족하다, 부주의하다라고 합니다. 사연 중 아이처럼 행동을 멈추지 않거나 말을 너무 많이 한다거나 차례를 지키지 못하거나 자꾸 주변 친구들을 방해하거나 간섭하거나 하는 등의 행동은 과잉행동과 충동성 문제로 볼 수 있습니다.

이 아이는 과잉행동과 충동성이 두드러져 보이지만 '부주의'한 특성도 가졌을 가능성이 큽니다. 행동 문제가 눈에 띄기 때문에 부주의는 상대적으로 덜 주목받는 것 같아요. 거의 매일 경고를 받는 이유가 수업 시간에 혼자 떠들었다, 혼자만 악기를 세게 쳤다, 혼자 장난을 쳤다는 것인데요, 여기서 계속 나오는 말이 '혼자'예요. 혼자라는 건 다른 애들은 안 하는데 아이만 한다는 거죠.

발달 과정에 있는 아이들을 평가할 때는 단순히 이런 행동을 '한다/안 한다'를 기준으로 하지 않고, 또래에 비해 '심하다/심하지 않다'를 더 중요한 기준으로 봅니다.

초등학교 1학년이면 적당히 앉아 있을 줄도 압니다. 초등학교에 막 들어가면 아직은 유치원생 모습이 있어 아이들이 좀 산만해 보입니다. 1학년 1학기 때는 아이들이 갑자기 화장실에 가겠다고 한다든지 필요한 게 있으면 벌떡 일어나기도 해요. 그렇지만 선생님이 계속 교육을 하면 아이들이 서서히 학습 태도를 갖추게 됩니다. "수업 시간에는 돌아다니면 안 돼. 자리에 앉아 있어야 해"라고 가르치면 대부분의 아이는 따를 수 있게 됩니다. 그런데 이 아이만 계속 처음 같은 행동을 하는 것 같아요. 그래서 선생님이 초반에 어머니와 얘기할 때는 '아이들이 다 그러니까 시간이 지나면 나아지겠지'라는 의미로 괜찮다고 했는데, 시간이 지나도 나아지지 않으니 지적을 받는 것 같습니다.

ADHD는 상담이 아니라 치료를 받아야 합니다. ADHD란 생물학적인 문제이기 때문에 약물치료를 받아야 해요. 예를 들면 위산과다인 경우에 그걸 상담을 통해 해결하지 않잖아요. 신경전달 물질도 위산과 크게 다르지 않습니다. 몸에서 분비되는 물질이기 때문에 같은 성분의 약이 그 역할을 대체할 수 있습니다.

아이를 데리고 소아정신과에 가서 종합 심리 평가를 받아보세요. 검사는 지능검사와 주의력 검사, 정서평가, 부모에 대한 평가 등 다양한 영역을 평가합니다. 검사 결과에서 주의력 문제가 분명하다고 확인되면 이때부터는 전문의의 지침에 따라 치료하면 어려움 없이 학교생활을 할 수 있습니다.

3부

좋은 습관은 삶의 무기가 된다

1

양치질 싫어하는 아이 때문에 매일 괴로워요

우리의 하루 일과를 보면 꼭 해야 하는 일들이 많이 있습니다. 제시간에 일어나기, 이 닦고 세수하기, 상황에 맞게 옷 입기, 식사하기 등등. 이 중에는 귀찮은 것도 있고, 아무렇게나 하고 싶지만 사회적 기준이나 예절에 맞게 해야 하는 것들도 있습니다. 아이의 사회화는 부모의 의무이기 때문에 힘들어도 이런 걸 아이들한테 가르치는 게 부모 역할입니다. 그중 많은 부모가 참 힘들어하는 게 양치질입니다. 아이들 중에 양치질을 좋아하는 아이는 거의 없어요. 양치질은 하루에 두세 번은 해야 하는데 그때마다 실랑이를 벌여야 하니 보통 일이 아니죠. 그래서 처음에 좀 힘들더라도 가능한 빨리, 약간의 압력을 가해서라도 양치질을 습관으로 만들어놓으면 엄마도 아이도 편안해집니다. 충치가 생겨 치과에 갈 가능성도 낮아지겠죠.

문명사회에 사는 사람은 누구나 양치를 하고 삽니다. 예전에는 반드시 그렇지는 않았습니다. 제가 어렸을 때는 대부분 아침에만 이를 닦았는데 어느 순간부터인가 하루 세 번 이를 닦아야 한다고 하고, 그 외에도 뭔가를 먹으면 바로 닦아야 하는 것으로 상식이 바뀌었어요. 귀찮았지만 저는 착실하게 세 번을 닦았고, 무언가를 먹고 이를 닦지 않으면 찜찜한 느낌이 가시지 않아 또 닦았습니다. 그런데 이번에는 치실과 치간칫솔이 등장하더라고요. 그것까지 하기에는 너무 귀찮고 치과에 갈 일도 많지 않아 그건 하지 않았습니다.

그런데 한번은 이가 아파 치과에 갔더니 의사 선생님이 치실을 쓰냐고 묻더라고요. 당황스러웠지만 안 쓴다고 솔직하게 말했더니 제 기분 탓인지 그분이 저를 한심하게 보는 것 같았어요. 앞으로는 치실을 쓰라고 해서 바로 그날 치실을 사서 열심히 했습니다. 2주 후에 진료를 보러 갔는데 입안을 들여다보던 의사 선생님이 "왜 치실을 열심히 안 하셨어요?"라고 하는 거예요. 정말 열심히 했는데 그 말을 들으니 억울하더라고요. "저 진짜 열심히 했는데요."라고 했더니 충격적인 말씀을 하시더라고요. "도서관에 앉아 있다고 다 공부를 열심히 하는 건 아니죠." 정말 억울했습니다.

이제 아이 입장으로 돌아가보죠. 아이가 어릴 때는 보통 부모가 양치를 해줍니다. 아이 입장에서 양치를 한다는 건 입을 한참 벌리고 있어야 하고, 구역질이 날 것 같아도 참아야 하고, 치약 냄새가 싫어도 뱉거나 입을 다물면 안 된다는 걸 의미합니다. 정말 싫은 일이죠. 싫은 일을 매일, 한 번도 아니고 두세 번 해야 하는 게 양치질인데 그게 얼마나 싫겠어요. 나름대로는 고통스러운 일입니다. 어른들에게 일주일에 한 번씩 치과에 가서 스케일링을 받아야 한다고 하면 귀찮고 싫겠죠. 애들한테는 양치가 그 정도의 부담인 거예요. 그런데 기분 좋은 얼굴을 하고 심지어 자발적으로 닦기를 바란다는 건 너무 큰 걸 바라는 게 아닌가 싶어요.

긍정적인 감정과 연결돼야 습관이 된다

어른들은 경험을 통해 이가 썩으면 치과에 가야 하고, 치과에 가면 돈이 많이 들 수도 있고, 더 심각해지면 고통스러운 시술을 받을 수도 있다는 걸 알기 때문에 기꺼이 양치를 합니다. 그렇지만 아이들은 이를 닦지 않은 결과를 경험하지 못했습니다. 설명을 해줘도 겪어보지 않았으니 실감이 덜 나겠죠. 겁을 준다고 해도 잠깐 무서워할 뿐 금방 잊어버립니다. 유혹을 하고 겁도 주고 협박도 하지만 양치질은 싫고 귀찮은 일입니다.

그래서 양치질을 시킬 때는 힘들지 않았으면 하는 엄마 입장보다는 어떻게 하면 아이가 양치질을 덜 싫게 할까 하면서 아이 입장에서 생각해보는 게 더 낫습니다.

양치에 대한 부정적 감정을 가능한 한 줄이고, 닦고 나면 기분을 조금이라도 좋게 만드는 방법을 사용해보는 겁니다. "얘는 왜 맨날 이렇게 힘들게 하는 거야. 피곤해 죽겠는데"가 아니라 싫은 게 당연한데 좀 덜 싫게 만들어주자는 쪽으로 마음을 바꿔야 합니다. 그렇지 않으면 이런 사소한 일과로 에너지가 너무 소진되니까요.

제 경우에는 이런 방법을 썼어요. 벽에다가 화이트보드를 붙여놓고 '○○가 욕실에서 할 일'이라고 쓰고, 그 밑에 그림을 그려줬습니다. 손 씻고 이 닦고 세수하는 모습을 그렸어요. 제가 그림을 잘 못 그리니까 그림이 좀 우스꽝스러워졌어요. 세수하는 모습을 그린다고 그렸는데 자기 얼굴을 때리는 것처럼 보이더라고요. 그런데 딸이 그 그림을 굉장히 좋아했습니다. 그래서 제가 욕실에 가자고 하면 딸이 "엄마, 저거랑 저거 하면 되지?"라고 하면서 그림대로 잘 따르던 시기가 있었습니다.

물론 잘 따르지 않던 시기도 있었어요. 특히 아들은 딸보다 더 싫어했습니다. 그림을 그려줘도 별 반응이 없더라고요. 그래서 당시 유행하던 딸기 향 치약을 사서 이렇게 말했어요. "엄마가 딸기 맛 치약을 사 왔는데 진짜 딸기 향이 나는지 모르겠어. 네가 닦아보고 얘기해줘"라고. 그랬더니 순순히 이를 닦고서는 저한테 와서 "하!" 하고 입 냄새를 뿜더라고요. 정말 딸기 향이 났어요, 저는 신이 나서

"딸기 향이 맞아. 딸기 향 진짜 좋다. 내일도 꼭 딸기 향 맡게 해줘"라고 칭찬해줬습니다. 나중에 알게 된 사실인데 아들은 엄마가 냄새를 알고 싶다니까 치약을 살짝 묻히기만 했더라고요. 애들이 크면서 꼼수가 늘어나는데 할 수 없죠. 괜찮습니다. 무엇보다 양치질에 대해 불쾌한 느낌이 안 들게 하는 게 중요해요. 그리고 꼼수를 막으려면 이왕이면 엄마가 옆에 가서 잘하는지 지켜보는 게 효과적입니다. 저는 윗니 열 번, 아랫니 열 번씩 닦으라고 하고 옆에서 횟수를 세어줬어요. 그다음엔 엄마가 해줄 차례라고 하면서 박박 닦아줬는데 이렇게 하니까 크게 저항하지는 않더라고요.

습관의 목표는 '자발적으로 하기'

훈육을 할 때 아이와 지나치게 갈등을 많이 겪으면 그 상황과 부정적인 감정이 연합되면서 더욱 격하고 부정적인 감정을 갖게 됩니다. 그러면 훈육하는 게 훨씬 힘들어집니다.

공부도 마찬가지예요. 소리 지르고 화내면서 학습지를 시키면 아이는 학습지에 대해서 안 좋은 감정이 연합되어 학습지 푸는 걸 더 싫어하게 됩니다.

부정적인 연합을 피하게 한다고 지나치게 아이에게 선택권을 주는 것도 좋지 않습니다. 어차피 해야 할 일이니까 조금이라도 즐겁게 해보자는 자세로 접근해야 합니다. 귀찮고 싫은 일이지만 부모가 조금이라도 기분 좋게 할 수 있도록 상황을 만들어주면 아이들의 부담감이 줄어든다는 거죠. '귀찮지만 재미도 쪼끔 있어' 정도의 감정을 심어주는 게 좋아요.

약간의 재미와 50퍼센트 이상의 단호함으로 반복하다 보면 어느새 습관이 됩니다. 초반에는 스티커를 사용하는 것도 효과적입니다. 습관의 목표는 결국은 자발적으로 하도록 만드는 겁니다. 처음에 엄마가 시킬 때는 약간의 보상을 줘서 동기를 키워주고 그다음에는 스스로 하도록 만든다는 것입니다.

어린아이를 키우는 과정은 이치를 깨닫거나 논리를 따져서 하는 일보다는 무조건 기계적으로 해야 하는 일이 굉장히 많습니다. 끝없이 이어지는 일상에서 해야 할 일을 묵묵히 해야 하는 게 90퍼센트 이상입니다. 그러나 잠깐씩 이렇게 우리가 아이를 키운다는 것, 훈육한다는 것의 의미를 생각해보고 그 의미를 이해하면 짜증이 덜 날 겁니다.

2

손가락 빠는 아이, 내버려둬도 될까요?

신생아를 낳으면 그 작은 존재의 신체 중에서 가장 열심히 움직이는 부분이 있습니다. 입이죠. 잠들지 않은 상황에서는 항상 오물거리거나 쪽쪽거립니다. 입 주변에 무언가가 닿으면 고개를 그쪽으로 돌리면서 무조건 입에 넣고 맛보려고 합니다. 이런 행동은 우유나 젖을 먹는 데 특화된 행동입니다. 무언가를 먹는다는 건 생존과 관련되어 있기 때문에 입은 항상 무언가를 맛보고 먹을 준비를 하고 있습니다. 그런데 이때 우연히 손가락이 들어가면 손가락을 빨 수도 있습니다. 만족스러운 표정으로 쪽쪽 빠는데 이런 모습이 어떤 엄마에게는 걱정거리가 되기도 하는 것 같아요.

"아기가 100일 정도 되었는데 요즘 손을 입에 자주 가져가요. 손가락을 많이 빨면 위생에 안 좋을 것 같아서 손 싸개를 해주는데, 손 싸개를 입에 많이 넣어서 자주 빨아주고 있습니다. 아기가 입에 손을 가져갈 때마다 손을 아래로 내려주는 걸 거의 무한 반복하고 있습니다. 손을 못 빨게 하면 아기가 기분 좋을 때는 괜찮은데 계속 못 하게 하면 막 울어요. 손을 계속 못 빨게 하면 구강기 고착이 되는 건 아닐까요?"

어머니가 아이를 키우면서 공부를 많이 하신 것 같아요. '구강기 고착'이라는 단어는 정신분석학에서 나오는 어려운 용어인데 문제는 '구강기'나 '고착' 같은 단어를 상식적인 의미로 이해하면 본래 이론에서 말하고자 하는 것과 다르게 이해할 수 있다는 것입니다. 아이가 손을 빠니까 구강기라고 생각하고, 지나친 것 같으니까 고착이라는 단어가 떠오른 것 같은데 먼저 손을 빠는 게 문제인지 아닌지부터 살펴보겠습니다.

구강기란 프로이트가 설명한 발달의 첫 단계로 모든 쾌감이 입을 통해 이루어지는 1세까지의 시기를 말합니다. 1세가 지나면 다음 단계로 넘어가야 하는데 계속 이전 시기에 머물러 퇴행적 행동을 하는 걸 고착이라고 합니다. 구강기 고착인지 아닌지는 성인이 되어봐야 알 수 있습니다. 그래서 지금 걱정할 문제는 아니에요.

제가 여태까지 임상을 하면서 구강기 고착으로 인해 인성이 잘못됐다고 진단을 내린 경우는 없었습니다. 그냥 아이는 그 시기이기 때문에 뭔가를 빨거나 입에 갖다 대려고 하고요. 그건 성장하면서 자연스럽게 없어집니다. 관련된 행동이 약간 남아 있을 수는 있지만 문제가 되는 경우는 거의 없습니다.

아이에게 입을 통한 즐거움은 강력하다

아이가 뭔가를 빠는 데는 이유가 있습니다. 아이들은 태어나면 엄마 젖을 먹으면서 성장을 합니다. 그러니까 신체 중에서 제일 중요한 부위가 입입니다. 입 주변에 무언가가 왔을 때 그것을 감지하고 빨아들여야 살 수가 있거든요. 그러니까 입 주위에 뭔가 어른거리거나 닿으면 얼굴을 돌리면서 입을 벌리고 빨려고 하는 거예요. 입 주변이 예민하지 않으면 아이는 자기가 필요한 걸 제때 먹지 못할 수도 있고, 충분히 먹지 못할 수도 있습니다. 그래서 뭔가를 빠는 건 생존을 위한 정상적이고 적극적인 행동이라고 생각하면 됩니다.

정신분석학에 따르면 아이가 커가면서 쾌감을 느끼는 부위가 계속 바뀐다고 합니다. 태어나자마자 일정 시기까지는 입 주위에 쾌감을 느끼는 신경이 가장 많이 몰려 있습니다. 갓난아기 입장에서 세상에서 뭐가 제일 기쁘겠어요? 내 입에 엄마 젖꼭지가 들어왔을 때 가장 기쁘고 만족스럽죠.

제 딸은 어렸을 때 공갈 젖꼭지를 빨아야 밤에 잠을 잤어요. 자다

보면 입에서 빠지기도 하는데 이럴 때는 잠결에도 주변을 더듬어서 찾더라고요. 어찌나 맛있게 빨던지 궁금해서 입에 넣어봤어요. 풍선껌하고 비슷했어요. 아, 이래서 사람들이 껌을 씹는구나 하는 생각이 들었습니다. 정신분석학의 기준에서 보면 껌이나 담배는 구강기에 대한 향수를 자극하는 행동입니다. 필요한 게 아닌데도 계속해서 찾고, 쉽게 중단하지 못하는 건 어린 시절에 이런 느낌을 통해 큰 즐거움을 느꼈고, 그런 기억이 우리 뇌의 일부에 남아 있기 때문입니다. 어른이 돼서도 흔적이 남아 있을 정도로 입을 통한 즐거움은 아이들에게 강력합니다. 그래서 엄마 젖이든 손가락이든 옷이든 입안에 뭔가 들어오는 건 뭐든지 빨려고 합니다.

게다가 아기들은 아직 자기 몸의 경계를 모릅니다. 내가 보고 있는 이 물건이 내 몸인지 외부 사물인지 구별을 못 한다는 거죠. 아기가 자기 손을 멍하게 보는 모습을 흔히 볼 수 있을 거예요. 자기 몸이라는 걸 아직 인식을 못 하기 때문에 '이건 뭐지?' 하는 느낌으로 보는 겁니다. 그러니까 자기 손가락도 먹을 게 아닌가 싶어 입에 넣어봤는데 빨다 보니 느낌이 좋은 거죠. 더군다나 아기 입장에서 손가락은 장점이 많습니다. 항상 내 옆에 있어요. 게다가 손가락이 하나만 있는 줄 알았는데 보니까 옆에 줄줄이 있어요. 손가락을 굽히니까 주먹이 되면서 느낌이 달라져요. 아기에게는 이게 다른 물건이니까 새로운 장난감이 되는 거죠.

그러니까 손가락을 빠는 건 우연히 시작되는 것이고, 아기한테 너무 행복한 일이라고 이해하면 돼요. 한마디로 정상입니다. 아이가 빨 때마다 엄마가 손을 내려준다고 하는데 그렇게까지 할 필요는 없습니다.

손을 내리는 행동을 엄마가 계속한다면 일단 엄마가 너무 피곤할 것 같고 아이한테도 그리 좋지 않습니다. 예를 들면 내가 TV 보는 걸 좋아하고 TV를 볼 때 마음이 편해지는데 남편이 TV를 많이 보는 건 좋지 않다면서 계속 끄면 기분이 어떻겠어요. 지금 엄마가 아기한테 하는 행동이 이런 겁니다. 그러니까 엄마가 손을 빼면 기분이 괜찮을 때는 가만히 있다가 반복되면 당연히 짜증을 내고 울기도 하겠죠. 손을 빤다는 건 아기에게 기분이 좋아지는 행동이고, 이 시기에는 너무 당연한 정상 발달이기 때문에 위생의 문제가 안 된다면 그냥 내버려두면 됩니다.

좀 더 큰 아이가 손가락을 빨면 이것을 걱정하는 엄마들이 더 많아지는 것 같습니다. 이번에는 만 2세 아이를 둔 엄마의 고민입니다.

"만 2세 반 된 딸을 키우는 엄마입니다. 저희 딸은 6개월부터 잠을 잘 때마다 엄지를 빨기 시작했습니다. 손가락을 빨면 좀 더 빨리 잠이 드는 것 같아 그냥 두었어요. 문제는 돌이 지나면서는 잠잘 때뿐 아니라 깨어 있을 때도 손가락을 빨게 되었다는 것입니다. 밖에서는 안 그러는데 집에서만 빨아요. 제가 뭘 잘못해서 그런가 싶어서 죄책감이 들 때도 있고, 도대체 왜 손가락을 빠는지, 언제쯤 이 버릇이 없어질지 고민입니다."

아이들은 모두 구강기를 통과하기 때문에 빨거나 물어뜯는 게 즐겁다는 기억을 다 갖고 있습니다. 어떤 애는 그런 기억이 있고 어떤 애는 없다면 '왜 우리 애만 손을 빨지, 내가 뭘 잘못했나' 하는 마음을 가질 수 있어요. 조금 컸어도 우연한 기회에 손을 빨기 시작하면 계속 빨 수 있고, 또 어떤 아이는 안 빨 수도 있습니다. 이런 행동은 다양성의 차원이지 문제로 볼 필요는 없습니다.

자연스럽게 없어지는 행동

언제까지 이런 습관이 계속될까 하는 걱정을 하는데, 유치원에 가면 손가락 빠는 애가 그렇게까지 많지 않습니다. 학교에 가면 더 줄어들죠. 어른들 중에는 없습니다. 그냥 때가 되면 없어집니다. 그냥 손가락을 빠는구나 하고 관심을 안 가지면 어느 날 빠는 행동이 없어졌다는 걸 발견할 수 있을 거예요.

밖에서는 안 빨고 집에서만 빤다고 했는데 손가락 빨기나 손톱 물어뜯기는 심심할 때 더 많이 나타나는 경향이 있어요. 우리도 집에 있을 때는 스마트폰을 많이 보다가 밖에 나가면 훨씬 덜 봅니다. 자극이 있으면 지루할 때 하던 행동을 덜 한다는 거죠.

무언가를 빠는 게 유아기에는 전혀 문제가 아닙니다. 그런데 아이가 다섯 살이라면 어떨까요?

"유아기 때부터 지금까지 뭐든지 입에 갖다 대려는 게 심했어요. 다섯 살이 된 지금도 손톱을 물어뜯어요. 쪽쪽이는 사용 안 했었는데 올해 초 태어난 동생이 하는 걸 보고 자기도 달라고 하더라고요. 그래서 하나를 줬는데 계속 물고 있으려고 해요. 잘 때나 밖에 나갈 때는 안 된다고 말하니 안 하기는 해요."

다섯 살짜리가 쪽쪽이(공갈 젖꼭지)를 빤다는 자체는 문제가 아니지만 가급적 주지 않는 게 좋습니다. 엄마가 안 된다고 하면 안 하는 걸로 봐서 주지 않는다고 크게 속상해하지 않을 것 같아요. 내용으로 봤을 때 아이가 계속 달라고 졸랐던 건 아닌 것 같은데 엄마가 일단 주고 나니까 빼앗는 게 애매해진 상태인 것 같아요.

이런 경우 빼앗는다고 생각하면 마음이 불편해집니다. 빼앗는다는 것은 다른 사람이 소유한 것, 그 사람이 필요로 하는 것을 가져오는 거니까 내가 나쁜 사람처럼 느껴지거든요. 이럴 때는 아이 것을 빼앗는 게 아니라 잘못 준 것을 회수한다고 생각하세요. 쇼핑몰에서 사이즈가 안 맞는 옷을 사면 반품을 하거나 교환하잖아요. 그런 개념으로 받아들이면 됩니다. 아이가 쪽쪽이를 달라고 하면 더는 안 된다고 하고, 별말 없으면 "아기는 하는데 너는 안 하는구나" 하고 칭찬하면 금방 해결될 것입니다. 고집을 부리거나 떼를 쓰면 아기는 이런 장난감밖에 갖고 놀지 못하니까 주지만 너는 다섯 살이라서 안 된다고 하고 길게 설명할 필요는 없습니다. 나이에 따라 해도 되는 행동이 달라진다는 걸 이해하기에 아이의 나이가 너무 어리니까요.

만약 쪽쪽이가 아니라 손가락을 빤다면 이 또한 아이가 자라면서 자연히 없어질 테니 너무 걱정하지 않아도 됩니다. 손가락을 오래 빠는 아이도 있지만 그게 문제는 아니에요. 다만 아이가 클수록 활동량이 많아지고 이것저것 만지게 되니, 위생을 위해 손을 잘 씻도록 지도만 해주세요.

3

언제까지 엄마 아빠가 재워줘야 할까요?

"세 돌이 지난 아이를 키우고 있습니다. 잠을 잘 때 엄마가, 가끔은 아빠가 아이 침대에 누워서 동화책을 읽어주거나 토닥거려주며 재웁니다. 보통 30분에서 길면 1시간 정도 걸려서 아이가 잠들면 부부 방에서 따로 잡니다. 밤에 자다 깨는 경우는 거의 없지만 베이비폰이라는 기기를 통해 아이가 울거나 하면 부부 방에서 바로 확인할 수 있습니다. 아침이나 새벽에 아이가 먼저 깨면 알아서 부부 방으로 오고요. 그런데 주변 엄마들 이야기를 들어보니 슬슬 재워주지 않아도 혼자 알아서 잠드는 아이가 꽤 보이네요. 언제까지 재워줘야 하는지 어떤 방식으로 혼자 잠들 수 있게 교육할 수 있는지 궁금해요."

내용을 보면 세 돌짜리 아이가 밤에 잘 때 엄마가 재워주고 나오면 쭉 자다가 아침에 깨면 놀라거나 무서워하지 않고 엄마 아빠 방에 온다는 건데요, 이 정도라면 정말 평화롭고 아름다운 광경인 것 같습니다. 일단 아이가 부모와 떨어져 잘 수 있고, 떨어져 자다가 깼는데 울지도 않고 무서워하지도 않잖아요. 이 정도면 잘 하고 있는 겁니다.

주변에서 "우리 애는 혼자 알아서 자"라고 얘기하니까 '우리 애가 부족한 것 아닌가', '이제 혼자 자게 해야 하는 것 아닌가' 하는 마음이 든 것 같은데 걱정 안 해도 됩니다.

기질과 평소 습관을 살펴라

먹고 자는 건 생리적 활동입니다. 생리적 활동이라는 건 신체 내부로부터 영향을 많이 받는다는 의미입니다. 생각이나 감정, 의지로 조절하기는 어렵다는 것이죠. 그래서 부모가 일찍 자야 한다거나 더 많이 먹어야 한다고 말할 때는 아이가 따르지 않을 수 있다는 걸 염두에 두어야 합니다. 그리고 '내가 이걸 꼭 해야 하나'라는 고민을 더 많이 해야 해요.

잠을 한 번에 길게 자는지 짧게 자는지, 아침형인지 저녁형인지, 이런 것은 다 타고나는 기질입니다. 아이가 아침 늦게까지 자는 스타일인데 부모가 지나치게 일찍 깨운다든지, 저녁에 일찍 자는 스타일인데 계속 뭘 시킨다든지, 이러면 아이와 부모가 부딪힐 수밖에 없어요. 예를 들어 아내는 늦잠을 자는 유형의 사람인데 남편은 아침형이라 매일 아침 일찍 아내를 깨운다면 굉장히 피곤하겠죠.

세 돌 아이가 따로 잘 수 있는 것만으로도 충분히 발달에 맞고 적절한 것 같아요. 더 나아가 아이가 혼자 잠들면 좋겠다는 건데, 여기에는 또 개인차가 있을 것입니다. 부모 없이 혼자 남으면 좀 불안해하는 아이도 있고 아닌 아이도 있습니다. 혼자 있으면 잠이 쉽게 드는 아이도 있고 그렇지 않은 아이도 있습니다. 수면에 대해서는 정답이 없다는 거죠.

따라서 아이의 기질이나 평소 습관을 보고, 부모와 아이가 가장 편한 방식으로 정하는 게 제일 좋습니다. 수면에 있어서 부모가 통제해 줄 수 있는 건 그렇게 많지 않은데 일정한 시간에 잠자리에 들게 하는 것 정도는 부모가 할 수 있습니다. 제시간에 자는 건 건강한 수면 습관을 갖는 데 도움이 됩니다.

아이는 부모가 깨어 있으면 자지 않으려 하기 때문에 아이가 잤으면 하는 시간에 조명이나 소음을 조정해주면 적당한 시간에 잠드는 데 도움이 됩니다.

또 하나 중요한 게 있어요. 잠자리에서 부모가 아이를 즐겁게 해주면 아이는 절대로 혼자 자려고 하지 않습니다. 잘 때마다 엄마가 재미있는 얘기를 해주면 그 시간은 노는 시간이지 자는 시간이라고 생각하지 않거든요. 그래서 잘 때는 너무 많이 말하지 않고 너무 정서적으로 흥분시키지 않는 게 좋습니다.

어찌 됐건 부모와 잠자리 분리가 되었다면 재워주는 건 크게 중요하지 않습니다. 무리하지 말고 먼저 이 두 가지 방법을 해보면서 천천히 잠자리 독립을 이루길 바랍니다.

4

음식물이 목에 걸린 뒤로 식사를 두려워해요

"여덟 살 여자아이인데 사과를 먹다가 목에 살짝 걸렸다 넘어갔습니다. 그 이후로 너무나 겁을 먹고 음식을 잘 삼키지 못하고 있습니다. 예전에는 식사 시간이 30분 정도였는데 지금은 한참을 씹어야 간신히 넘겨서 한 시간 반도 더 걸립니다. 괜찮다고 다독여주지만 나아지는 것 같지 않아요."

오래 먹는 것도 문제지만 아이가 먹는 걸 너무 무서워하는 것 때문에 걱정을 많이 하는 것 같습니다. 우리 대부분은 잘 의식하지 않지만 아이가 생기면 식생활이 전과 비교할 수 없을 정도로 중요해집니다. 심지어 아이가 태어나기 전 임신했을 때부터 먹거리에 신경을 쓰죠. 이처럼 먹는다는 행동은 살아 있는 생명체한테는 정말 중요한 행위입니다. 아이들 입장에서도 먹는다는 행동 자체가 생존과 직결되어 있습니다.

보통 사과는 그렇게까지 먹기 어려운 음식은 아닙니다. 그렇지만 100퍼센트 유동식이 될 때까지 씹을 수는 없으니까 어떤 덩어리는 조금 크고 어떤 덩어리는 조금 작겠죠. 그중 큰 덩어리 하나가 목구멍을 넘어가다가 식도를 잠깐 막았던 것 같아요. 식도가 막히면 호흡이 어려워질 수 있습니다. 아이는 숨이 막힌다는 굉장히 공포스러웠던 경험을 한 상태입니다. 숨을 쉬지 못한다는 것은 신체에 산소가 공급되지 않아 금방 죽을 수 있는 치명적인 상태입니다. 그래서 아이뿐 아니라 어른들도 숨 쉬기가 힘들어지면 곧 죽을 것 같다는 공포스러운 경험을 합니다. 공황을 겪을 때 가장 흔한 증상이 호흡 곤란인 것도 같은 맥락입니다.

특히 민감한 아이라면 생기지 않은 일에 대해서도 걱정이 많을 수 있습니다. 어떻게 보면 기질이 예민한 아이들은 위험을 좀 더 빨리 감지하고 생존에 필요한 행동을 빨리 배운다고 할 수 있습니다.

불안을 느낄 때 가장 효과적인 방법

자, 그러면 이 상황을 어떻게 해결해야 할까요? 사실 이런 일은 우연히 일어나기 때문에 노력을 통해 통제하기는 어렵습니다. 고기를 잘게 잘라주고 사과도 얇게 잘라줄 수 있지만, 어린이집이나 학교에 가면 크기까지 개인을 고려해서 음식을 주지는 않습니다. 어린아이들은 신체가 미숙해 어른들이 아이에게 맞게 음식을 조절해서 주어야 하지만 일정 나이가 되면 아이 스스로가 어떤 게 안전하고 어떤 게 위험한지 경험을 통해서 배울 수밖에 없습니다. 초등학생이라면 매일 급식을 먹을 텐데 우선은 선생님에게 연락해서 아이가 급식을 먹는 데 별 문제가 없는지 알아보세요. 학교에서도 같은 문제를 보인다면 전문가를 찾아 도움을 받아보세요. 아이는 음식을 먹다가 무서운 경험을 했기 때문에 먹는다는 것 자체를 위험한 것으로 받아들이고 있습니다. 문제가 지속되면 일상에 영향을 미칠 수 있으니 이런 경우에는 도움을 받아보라는 것입니다.

만일 급식을 먹는 데 문제가 없다면 사과가 목에 걸린 것도 아이한테는 하나의 경험이 될 수 있습니다. 꼭꼭 씹어서 먹지 않으면 숨이 막힐 수도 있다는 걸 배우는 거예요. 이 사건 하나만으로 보면 크게 걱정이 될 수도 있지만 어떻게 보면 자연스러운 학습 과정이기도 합니다.

따라서 중요한 건 엄마가 이 일을 너무 심각하게 생각하지 말아야 한다는 겁니다. 먹는다는 행위는 평생 해야 하는 일이고, 그 과정에서 어느 정도 원치 않는 경험을 할 수밖에 없거든요. 제대로 먹는 방법을 배우는 과정에서 불편한 경험을 했다고 생각하면 걱정이 좀 줄어들 겁니다.

엄마의 정서는 아이에게 바로 전달되기 때문에 어머니가 대범하게 행동하는 건 상당히 중요합니다. 엄마가 같이 걱정하고 불안해하면 아이는 먹는다는 건 위험한 거구나 하고 불안이 가중될 수도 있습니다.

그리고 아이를 다독여준다고 했는데 너무 많이 다독이거나 안심시키려고 하는 건 오히려 아이한테 음식을 먹을 때마다 그 일을 계속 상기시킬 수 있어요. 그래서 아이가 먹는 것에 대해 민감하지 않게 반응하는 게 더 낫습니다.

씹는 시간이 길어 식사 시간이 길어진 것은 당분간 참아주세요. 아이는 씹지 않은 음식 때문에 무서운 일을 겪었기 때문에 씹는다는 행동은 안전을 도모하는 행동입니다. 그래서 그걸 못하게 하는 건 불안을 더 자극할 수가 있어요. 문제가 안 된다면 먹는 시간은 충분히 주되, 엄마가 이래라저래라 하는 말은 하지 말고 식사를 맛있게 하면 됩니다.

불안을 느낄 때 가장 효과적인 방법 중 하나는 적당히 주의를 분산시키는 것입니다. 밖에서 외식할 때는 신경 안 쓰고 잘 먹더라, 뭘 사다 먹였더니 애가 신경 쓰지 않고 잘 먹더라, 이런 기억을 찾아내서 그런 상황에서 음식을 먹게 해보세요. 예를 들어 외식을 할 때 좀 시끄럽다든지, 반짝반짝하는 게 있다든지 하면 음식이 넘어가는 느낌에는 주의를 덜 기울일 수 있어요.

정리하면, 이렇습니다. 가급적 주의를 분산시킨다. 그리고 관심을 주지 않는다. 이 방법이 먹는 시간을 단축할 수 있는 제일 좋은 방법입니다. 아이를 키우면서 생기는 일들 중에 대부분의 일들은 다 그냥 넘어갑니다. 그러니까 크게 걱정하지 마세요.

5

어린이집에 가기 싫어해요

아이를 어린이집에 보낼 때가 되면 엄마는 마음이 무거워지고 불안해집니다. 처음으로 아이와 떨어지기 때문에 엄마 자신도 불안해지고 아이가 잘 적응할지 그야말로 물가에 아이를 내놓는 심정이 되기 마련이죠. 아이가 엄마와 떨어지기 싫다고, 혹은 어린이집에 가기 싫다고 울고불고할 수도 있습니다. 이런 상황까지 되면 아이를 꼭 어린이집을 보내야 하나, 더 데리고 있어야 하나 고민할 수밖에 없습니다.

"다섯 살 딸아이가 어린이집에 갈 때마다 싫다고 울거나 배가 아프다고 하거나 어린이집 가는 게 무섭다고 합니다. "누가 너 때려?"라고 물으니까 그건 아니래요. 3월부터 보냈는데 8월인 지금까지 어린이집 가는 걸 싫어합니다. 어린이집에 있는 시간은 오전 9시 반에서 오후 3시까지인데 아침마다 겨우겨우 작별 인사를 하고 어린이집을 보내고 있습니다. 초반에는 어린이집에서 잘 안 먹고 혼자 놀곤 했는데 몇 달 전부터는 밥도 잘 먹고 친구들이랑 그 전보다는 어울려 논다고 선생님께서 말씀해주셨어요. 하원 후에 물어보면 친구랑 놀았고 재미있었다고 이야기합니다. 그런데 어린이집에 계속 가고 싶냐고 물어보면 집에서 엄마랑 있는 게 더 좋다고 합니다. 평일에는 매일같이 가기 싫다고 드러눕거나 울지만, 주말에는 집에서 잘 놀아요. 저와 아이 간의 애착이 제대로 형성되지 않아서 분리 불안을 느끼는 걸까요?"

예민한 기질의 아이라면

아이가 이런 행동을 보이면 많은 엄마가 애착에 문제가 있나 생각하는데 어린이집에 가기 싫어하는 게 애착 문제에서 비롯될 가능성은 그리 높지 않습니다.

보통은 기질 문제가 영향을 많이 미칩니다. 낯선 걸 힘들어하고 적응하는 데 시간이 걸리는 아이들이 집에서 어린이집이라는 낯선 상황으로 환경이 바뀌면 힘들어합니다.

외향적이고 활달한 아이들도 초반에는 힘들어할 수 있습니다. 이런 상황이 되면 엄마로서는 그만두게 해야 하나 고민할 수 있는데 아이가 매일 운다거나 자주 아프면 그만두는 게 답이 될 수도 있습니다. 기질이 굉장히 예민하고 겁도 많고 새로운 데 갔을 때 시간이 오래 걸리는 아이라면 그만두었다가 조금 더 컸을 때 보내는 것도 방법입니다. 그러나 다섯 살이라면 대부분 보육 기관에 적응하기 때문에 바로 그만두기보다 조금 더 지켜보아도 됩니다.

기질과 함께 다른 문제의 가능성도 생각해야 합니다. 내용을 보면 엄마가 아이에게 "어린이집 가는 게 좋아, 집에 있는 게 좋아? 계속 다닐래?" 같은 말을 계속하는 것 같은데요. 이게 알게 모르게 아이한테 선택권이 있다는 메시지를 주고 있습니다. "엄마랑 있을래, 어린이집 갈래?" 그러면 생각해볼 필요도 없이 엄마랑 있고 싶겠죠. 아이는 "엄마랑 있을래. 어린이집 가기 싫어"라고 할 겁니다. 이렇게 물어놓고는 "그래도 어린이집 가야 해"라고 하면 아이는 받아들이는 게 훨씬 힘들어집니다. 엄마가 자기한테 선택권을 줬다고 느끼니까 안 간다고 떼도 써보고 울어도 보고 여러 가지 시도를 계속하는 것이지요. 엄마가 계속해서 "갈래? 싫어?" 이렇게 물어보는 것 자체가 아이의 떼쓰는 행동을 강화할 수 있어요.

또 한 가지 눈에 띄는 내용은 주말에 잘 논다는 점입니다. 불안이 높아서 어린이집에 가기 힘들어하는 아이들은 주말에도 계속 걱정을 합니다. "나 또 어린이집에 가야 해? 꼭 가야 해?" 이런 말을 하는 경우가 많아요. 그런데 이 아이는 그 정도는 아닌 것 같습니다.

"싫으면 안 가도 돼"라고 말할 결심이 되어 있지 않으면 앞으로는 아이한테 물어보지 마세요. 고민하는 마음에서 좀 떨어져 아이를 지켜보면 아이도 점차 안정될 겁니다.

6

전쟁 같은 아침, 좀 편해질 순 없을까요?

아이 키우는 집에서는 아침마다 전쟁이 벌어집니다. 더군다나 맞벌이 가정에서는 출근 준비하랴 아이 챙기랴 정신이 없죠. 아이 씻기고 옷 입히고 밥 먹이고 해야 하니까요. 머리도 묶어줘야 하고요. 아이가 좀 크면 부모가 입혀주는 대로 입지도 않습니다. 계절에 맞지 않는 옷을 입겠다거나 위아래가 맞지도 않는 옷을 입겠다고 떼를 쓰기도 합니다. 밥 먹이는 것도 힘든 일이죠. 엄마는 속이 타들어 가는데 느긋하게 밥을 입에 물고 있거나 장난감에 정신이 팔려 있기도 하니까요.

그래서 여기서는 아침에 좀 더 효과적으로 아이의 행동을 통제해서 가족 구성원들이 조금이라도 더 평화롭게 아침 시간을 보내는 법을 알려드릴게요.

1 유치원 갈 준비하기도 빠듯한 시간에 딴짓을 한다

우선 어른들한테 이 문제를 대입해봅시다. 예를 들면 직장에 다니는데 자주 지각을 한다고 해보죠. 스스로도 문제라고 느껴 새해 첫날 다짐을 합니다. '더 이상 이렇게는 안 돼. 내일부터 지각 안 하고 부지런한 사람이 될 거야.' 이때만 해도 가슴이 두근두근하면서 새 사람이 될 것 같은 용기가 샘솟습니다. 그러나 그 다짐은 얼마 가지 않습니다. '부지런해져야지'라는 건 의지나 결단이 아니고 잠깐 동안의 고양감이 전부입니다. 정서는 지속되는 시간이 짧아요. 그래서 정서를 통해 무언가를 바꾸는 건 쉽지 않습니다. 기분이 좋아야지 한다고 기분이 좋아지지 않고, 슬퍼야지 한다고 슬퍼지지 않습니다. 화내지 말아야지 생각해서 화를 안 내는 방법도 없죠.

그래서 다른 관점에서 문제를 볼 필요가 있습니다. 행동을 단계적으로 쪼개보는 겁니다. 저는 아이들이 다 컸기 때문에 출근만 하면 되는데도 십 분씩 늦는 경우가 많습니다. 제 출근 시간은 여덟 시라서 여섯 시 반에서 일곱 시 사이에 일어나야 해요. 그래서 여섯 시 반에서 일곱 시까지 오 분 간격으로 알람을 맞춰놓습니다. 웬만큼 피곤하지 않으면 그 시간에는 일어날 수 있어요. 씻고 화장하고 옷 입는 것을 빨리하는 편인데도 5분이라도 더 자고 싶어서 늑장을 부리는 경우가 많습니다. 그래서 출근 준비 과정을 단계별로 쪼개서 생각해보니까 가장 오래 걸리는 게 머리 말리는 시간이더라고요.

고민하던 중에 머리를 빨리 말려준다는 드라이어를 하나 샀습니다. 가격은 비쌌지만 7~8분 걸리던 게 3~4분으로 줄었고, 그 드라이어는 제가 가장 좋아하는 아이템이 됐습니다. 이렇게 머리 말리는 시간을 줄임으로써 아침 시간을 준비하는 그 괴로움이 조금 해결이 됐습니다.

출근 시간마다 전쟁을 치르는 엄마도 이런 방식으로 생각해보면 어떨까요. 유치원 등원 준비만으로도 빠듯한 시간에 일어나서 밥도 빨리 안 먹고 놀고 싶다고 운다면 어디에서부터 바꿔볼 수 있을까요? 우선 일어나는 시간이겠죠. 너무 빠듯한 시간에 일어나니까 아침이 더 분주해지죠. 아이는 엄마가 깨울 때 일어나니까 엄마가 깨우는 시간을 좀 당겨볼 수 있습니다. 아이는 당연히 더 자고 싶다고 할 겁니다. 하지만 엄마는 어른이니까 의지를 갖고 시간을 당겨보세요. 예컨대 평소 8시에 깨웠으면 7시 50분으로 당기고 무조건 그 시간에 깨워 번쩍 안고 욕실로 데려가세요.

2 아침밥을 잘 안 먹는다

많은 가정에서 아이의 아침밥이 문제가 됩니다. 밥을 안 먹는다고 한다든지, 다른 걸 먹고 싶어 한다든지, 밥을 입에 물고 안 삼킨다든지, 이런 아이들이 아주 많습니다. 그 이유는 간단합니다. 배가 고프지 않은 거예요. 아침에 입맛이 좋은 사람도 있지만 그렇지 않은 사람도 많습니다. 아이도 배가 고프면 열심히 먹을 겁니다. 그런데 배가 안 고픈 거죠. 배가 안 고픈 상태에서 자꾸 먹으라고 하니까 놀고 싶다는 둥 이건 싫다는 둥, 맛이 없다는 둥 하는 겁니다.

이럴 때는 엄마가 결정을 내려야 해요. 내가 꼭 밥에 반찬을 해서 먹일 것인가, 시리얼같이 간단히 먹을 수 있는 것을 줘서 식사 시간을 줄일 것인가, 아침을 건너뛰더라도 점심을 많이 먹는 걸로 괜찮은가…. 그중 효과적인 방법을 찾는 거죠. 어떤 아이들은 밥하고 반찬은 잘 안 먹는데 우유에 시리얼을 타서 주면 훨씬 더 잘 먹더라는 얘기를 많이 들었습니다. 그러면 그냥 아침은 그렇게 먹는 거죠. 저 같은 경우는 아이들이 좀 컸을 때 밥 먹기 싫다고 하면 안 먹어도 된다고 했어요. 돌이켜보니까 저도 아침을 먹기 싫었는데 친정 어머니가 잔소리를 해서 스트레스를 받았던 기억이 있더라고요. 지금도 아침 식사는 안 하는데 당시 기억 때문이 아닐까 하는 생각도 합니다.

학교 급식은 아이들 나이에 필요한 영양분을 맞춰서 식단을 짜기 때문에 아침에 꼭 5대 영양소를 다 갖춰서 먹이려고 지나치게 애쓰지 마세요. 사실 요즘 아이들은 영양이 부족해서 문제라기보다 넘쳐서 문제인 경우가 더 많죠. 아이가 좋아하는 간식을 가방에 넣어줘도 좋습니다. 아침밥 때문에 너무 스트레스를 받는다면 융통성을 발휘해보세요.

3 날씨에 안 맞는 옷을 입겠다고 고집을 부린다

날씨가 쌀쌀해졌는데 반팔과 반바지를 입고, 겉옷을 입으라고 하면 덥다며 울고불고하는 경우가 있습니다. 이런 경우는 아이가 잠이 덜 깨서 그럴 가능성이 큽니다. 그래서 기분이 안 좋은 거예요. 어린아이들은 기분이 안 좋을 때 "엄마 내가 기분이 안 좋으니까 나한테 잠깐 시간을 줄래?"라고 얘기할 수 없잖아요. 그러니까 그냥 트집을 잡는 거죠. 그럼 어떻게 할까요? 반팔과 반바지를 입게 하고, 점퍼는 가방에 넣어주면 됩니다. 어차피 현관을 나서면 잠이 깨면서 순순히 옷을 입을 수도 있고, 유치원 차를 타면 선생님이 있으니 추우면 점퍼 꺼내서 입혀달라고 부탁하면 되겠죠.

반대 경우도 있습니다. 날씨가 더운데 긴팔, 긴바지를 입겠다고 하는 경우죠. 그럼 짧은 바지를 가방에 넣어서 보내면 됩니다. 선생님께 살짝 얘기를 해두시고요. 해결 방법이 너무 간단해서 허무하다고 할지도 모르겠습니다. 이렇게 문제를 어떻게 보느냐에 따라 심각해질 수도, 간단해질 수도 있습니다.

아이의 행동에 대해 '무리한 요구를 한다', '말을 안 듣는다' 등으로 치부하지 말고 어떤 상황에서 어떤 행동을 하는지 분석을 해보세요. 그러면 해결의 소지가 보입니다. 문제를 보는 방식을 조금만 바꿔도 상황은 생각보다 크게 바뀝니다.

마음을 조금 편하게 먹고, 모든 것을 너무 완벽하게 하려는 강박을 버리세요. 그러면 화내고 소리 지르는 경우가 줄어들 것이고 더 여유롭고 평화로운 아침을 맞을 수 있을 것입니다.

7

아이가 시간 개념이 없어요

"아이가 열 살인데 스스로 해야 할 일을 잘 처리하지 못해요. 제가 퇴근하기 전에 영어학원에 가서 50분 수업만 듣고 오면 되는데, 전화하면 나간다고 하면서 길에서 오락을 하거나 집에서 책을 읽다가 시간을 놓쳐버립니다. 엄마 말을 한 귀로 듣고 한 귀로 흘리는 건지 아니면 머릿속으로 생각하는데 행동으로 옮겨지지 않는 건지 모르겠어요. 감정조절이 잘 안 되는 것도 문제라 정신과 상담을 예약해놨는데 괜히 아이 마음을 다치게 하는 건 아닌지 걱정입니다. 엄마가 옆에 없어서 쓸쓸해서 그런 건 아닌지 속상합니다."

엄마가 맞벌이로 낮에 없어서 아이 혼자 학원을 다녀와야 하는 상황인 것 같습니다. 아이는 3학년이고 학교에 갔다가 집에 오면 조금 쉬었다 영어학원을 다녀오는 게 일상이고요.

'작업 기억'이라는 고차적 인지 능력

이런 경우를 한번 생각해보죠. 만약 내가 두 시에 애들을 데리러 학교에 갔다 와서 다섯 시에 어딜 나가야 한다면 그게 쉬운 일일까요? 제때 출발할 수도 있지만 저녁 준비를 한다거나 뭔가 다른 것에 집중하다가 늦어져서 "어머 시간이 벌써 이렇게 됐네" 할 때가 있지 않나요?

시간 개념이라는 건 '작업 기억'이라는 고차적 인지 능력이 필요한 기능입니다. 작업 기억이란 뭔가를 계속 염두에 두고 있는 거예요.

예를 들어볼게요. 저는 심리 평가를 많이 하는데 심리 평가에서 작업 기억은 이렇게 검사합니다. 환자에게 "시계를 풀어서 저를 주세요. 그리고 가실 때 시계를 달라고 하셔야 해요"라고 합니다. 시계를 받고 한두 시간 정도 상담을 하고 갈 때 시계를 달라고 하면 드립니다. 이때 기억하고 달라고 하는 사람은 작업 기억이 좋은 겁니다. 시계를 받아가야 한다는 걸 기억 속에 두 시간 이상 유지해야 하거든요. 시계를 잊어버리고 가는 사람도 꽤 많습니다. 작업 기억이 충분히 성장해야 시간 관리 능력을 발휘할 수 있는데 이건 아이에 따라서 차이가 큽니다.

아이의 경우 학교가 끝난 뒤 집에 들르지 않고 바로 학원에 가게끔 했다면 잊어버리지 않고 갔을 거예요. 학교는 가야 한다는 게 이미 인식되어 있고, 학교가 끝나고 바로 학원에 가게 되어 있다면 학원 갈 시간을 따로 기억하지 않아도 됩니다. 그래서 시간을 바꿀 수 있다면 학교 끝난 후 바로 학원에 가는 일정으로 바꾸어보세요.

그리고 감정 조절이 잘 안 되어서 정신과 상담을 예약했다고 했는데요, 미리 걱정하지 말고 검사를 한번 받아보세요. 다른 열 살의 아이보다 감정 조절이 훨씬 더 안 된다면 가장 가능성 있는 건 주의력 문제입니다. 괜히 아이 마음이 다치지는 않을지 걱정이 된다고 했는데 일단 검사를 받아본다는 마음으로 가면 됩니다. 만일 주의력 문제가 있다면 엄마가 아무리 잔소리를 해도 나아지지 않을 수 있고 아이는 억울하게 야단만 맞는 셈이니까요.

엄마가 옆에 없어서 쓸쓸해서 그런 것 아닌가 생각할 수도 있지만 그럴 가능성은 낮습니다. '엄마가 옆에 없어서 쓸쓸하다'는 감정을 느낀다면 엄마에게 전화를 한다거나 직장에 가지 말라고 말했겠지요. 그보다는 옆에서 시간을 일깨워주는 사람이 없어서 그럴 가능성이 더 높습니다. 엄마가 전화를 하더라도 얼굴이 보이지 않는 상태에서 말만 듣는 것과 바로 옆에서 재촉하는 건 효과가 아주 다릅니다.

다만 초등학생 아이가 혼자 집에 있는 상태에서 작업 기억과 관리 기능을 개발하는 건 어려울 수 있습니다. 아이들이 일련의 행동을 학습할 때 부모가 "자 지금 ○○ 해야지"라고 일깨워주는 게 반복되면서 학습이 되는 것이거든요. 학교 갔다 와서 몇 시간을 아무것도 안 하고 있으면 아이들은 어떤 계획 없이 몇 시간을 보내는 게 습관이 돼서 계획을 세우는 능력이 느리게 발달할 수 있습니다. 이런 여러 가지 가능성을 염두에 두고 아이한테 도움이 되는 방식으로 결정하면 좋을 것 같습니다.

8

스마트폰만 들여다보는 아이, 어쩌면 좋을까요?

어른이건 아이건 스마트폰을 접촉하는 시간이 아주 많아졌습니다. 아이가 초등학생만 되어도 급할 때 연락이 가능하다는 이유로 스마트폰을 사주는 경우가 많습니다. 필요할 것 같아 사주긴 했지만 한편으로는 걱정이 되는 게 부모 마음이죠. 스마트폰으로 다 되는 세상이잖아요. 게임도 하고 채팅도 하고 영상도 봅니다. 그러다 보니 아이가 스마트폰을 통해 위험한 사람과 채팅을 한다거나 해로운 영상을 본다거나 과도하게 게임에 빠지거나 할까 봐 걱정이 많습니다. 학원에 간다거나 친구와 놀러 갈 때는 동선 파악이 되는데 온라인에서는 아이가 어디에 가고 무엇을 보는지 파악하기가 어렵습니다. 거의 불가능하죠.

특히 랜덤 채팅, 오픈 채팅이라고도 하는 건 상당히 위험합니다. 랜덤 채팅 때문에 우울증이 심한 피해 아동을 상담한 적이 있습니다. 초등학교 고학년 아이인데, 친구가 알려줘서 어떤 애플리케이션을 깔았는데 바로 모르는 사람들이 들어와서 채팅으로 말을 걸어왔다고 하더라고요. 예전에는 이런 경우가 많지 않았는데 몇 년 사이에 이런 일이 정말 많이 늘었습니다. 무료 와이파이 때문에 사용 시간이 무제한 길어지다 보니 이것저것 시도하다가 우연히 접촉하게 되는 거죠. 친구들끼리 정보교환을 해서 아는 경우도 있습니다. 그래서 아이가 어떤 애플리케이션을 사용하는지 부모가 확인해야 합니다. 사줄 때부터 이런 규칙을 미리 정해두어야 아이가 반발하지 않습니다.

또 많은 부모가 걱정하는 것은 스마트폰만 들여다보느라 공부를 덜 하지 않을까 하는 점입니다. 혹은 친구들하고 시간을 보내지 않고 혼자 틀어박혀 스마트폰만 들여다보니 사회성이 떨어지지 않을까 걱정된다는 부모도 많습니다. 요즘 아이들은 밖에 나가서 노는 것보다 그냥 집에 있는 걸 더 편하게 생각하죠. 코로나 이후 이런 경향이 더 심해진 것도 사실입니다.

미리 적절한 규칙을 정하라

그런데 스마트폰이 아이의 행동에 어떤 영향을 주는지는 현실적으로 생각할 필요가 있어요. 스마트폰 때문에 아이가 공부를 안 한다고 말하려면 스마트폰 하는 시간에 아이가 공부할 가능성이 얼마나 높은지 분석해보아야 합니다. 어른도 하루 일과가 끝나면 쉬는 시간이 필요하잖아요. 하루 일과를 끝낸 부모는 스마트폰을 하면서 아이에게만 하지 말라고 하면 당연히 불만을 표현하겠죠. 예전에 아이들은 못 보게 하고 어른끼리만 TV를 보던 시대도 있었는데 그때 몰래몰래 TV를 보던 아이들은 문제아가 아니라 그냥 보통 아이들이었어요. 그래서 무조건 스마트폰이 문제라고 하면 아이가 수긍하지 않습니다.

아이가 스마트폰 때문에 학교를 안 가거나 학원을 안 가거나 숙제를 안 한다면 스마트폰 하는 시간을 제한할 수 있습니다. 그렇지만 해야 할 일을 대부분 하는 아이에게 스마트폰을 하지 말라는 것은 잠시도 쉬지 말고 공부를 하라는 것과 같습니다. 그러니까 갈등이 생깁니다. 드라마 볼 시간 있으면 집안일을 더 하라는 말을 들으면 어떨까요? 똑같은 겁니다. 아이들에게도 휴식 시간이 필요하거든요. 그때 가장 쉽게 할 수 있는 게 스마트폰인 거죠. 그러니 해야 할 일을 하고 나면 쉬는 시간을 주고, 그때는 너무 눈치 보지 않게 하고 싶은 걸 하게 해줘야 아이들에게도 휴식이 됩니다.

SNS에 대해 걱정하는 부모도 많은데 예전에는 친구들과 만나서 농구하고 분식집 가고 이랬는데 요즘은 워낙 학원을 많이 다니다 보니 친구들과 어울릴 시간이 급속도로 줄어들었습니다. 그렇지만 친구는 소중한 것이니 다른 창구를 통해 친구들과의 소통을 이어가는 겁니다. 그것 때문에 사회적 관계가 단절된다고 단정할 수는 없다는 거죠. 밤늦게 끝나는 학원이 많다 보니 잠깐 친구랑 수다 떨고 싶은데 조금이라도 늦게 오면 잔소리를 하는 부모님이 많잖아요. 그러니까 스마트폰을 통해서라도 수다 좀 떨 수 있는 거죠. 다만 온라인에서 필요한 예절은 가르쳐야지요.

제가 학교 다닐 때도 모처럼 친구와 좀 길게 통화하면 부모님이 "너는 맨날 전화통을 붙들고 사니" 그랬어요. 수단만 달라졌을 뿐 정서는 크게 다르지 않죠. 그것마저 못하게 하는 건 고립감을 초래할 수 있습니다. 아이들 입장에서 가상세계가 어떠한 공간인지, 아이들한테 그게 어떤 가치인지를 어른도 함께 생각해봤으면 좋겠습니다.

물론 규칙은 있어야 합니다. 규칙은 아이가 어렸을 때 부모가 정해주는 게 바람직합니다. 미성년자는 어떤 행동이 자신에게 바람직한지 판단할 수 없는 나이를 의미해요. 그러니까 보호자가 필요한 것이거든요. 아이에게 스마트폰을 먼저 사주고 마음 졸이지 말고 사주기 전에 미리 적절한 규칙을 생각해두세요. 아이가 스마트폰에 대한 권한이 자신에게 있다고 느끼는 순간 갈등이 될 수밖에 없습니다.

초등학교 저학년 아이라면 우선 등교 준비를 하는 아침에는 스마트폰을 못 하게 하는 게 좋습니다. 산만해져서 등교 시간이 길어질 수 있습니다. 하교하고 나서 학원에 간다면 숙제를 했는지 확인하고, 했다면 학원 가기 전에 잠깐 하게 해줄 수 있습니다. 학원에 갔다 오면 조금 쉬게 해주는 의미에서 하게 할 수도 있고, 아니면 밥 먹고 숙제 다 할 때까지는 못하게 할 수도 있어요. 그다음에 자기 전에 잠깐 하게 해줄 수도 있고요. 하루 일과를 보고 각 가정에 맞게 적당히 정하면 됩니다.

어린 자녀일수록 혼자 스마트폰을 보게 하지 말고, 혼자 컴퓨터 앞에 앉아 있게 하지 마세요. 되도록 같이 정보를 공유하고 콘텐츠를 체크하세요. 이렇게 하면 인터넷에 넘치는 정보를 분별하는 법을 부모 옆에서 보고 배울 수 있습니다.

아이와 스마트폰을 공유하는 것도 좋은 방법입니다. 요즘은 부모와 아이가 내용을 공유하게끔 많이 되어 있는데 이렇게 해두면 아이가 뭘 하는지 새로 뭘 설치했는지 사용하는 시간이 얼마나 되는지 볼 수 있어요. 여기서 명심할 게 있어요. 이렇게 해서 알게 된 정보에 대해 수시로 잔소리를 하지 마세요. 엄마가 아이 행동에 대해 일일이 지적하면 아이는 압박감을 느끼고 몰래 할 수 있는 방법을 찾을 수도 있습니다. 아이하고 거리가 멀어지고 서로 간에 신뢰가 깨질 수도 있습니다. 울타리를 좁게 치면 아이는 나가고 싶어 합니다. 큰 문제를 걸러낸다는 마음으로 울타리를 넓게 치세요.

9

게임을 안 했으면 좋겠어요

이전과 다른 요즘 엄마들의 가장 큰 고민 중 하나는 게임입니다. 제가 상담하는 엄마들도 게임에 대한 질문을 많이 합니다.

"요즘 아이들은 어려서부터 게임을 한다는데 우리 애도 하게 해줘야 할까요?"
"한번 게임에 빠지면 중독되기 쉽다는데 어떻게 통제해야 할까요?"
"아이가 클수록 게임 때문에 부모 자식 간에 갈등이 많아진다는데 어떻게 해야 사이좋게 지낼 수 있을까요?"

게임의 부작용으로 흔히 걱정하는 것들이 있죠. 우선 게임을 많이 하면 자기 조절 능력이 떨어진다고 합니다. 자기 조절 능력은 심리학적 용어로 전두엽 관리 기능인데요, 목표 지향적인 행동을 하게끔 만드는 게 전두엽 관리 기능의 핵심입니다. 게임을 하면 이 부위의 발달이 지연된다는 연구가 많이 있습니다. 또한 방에 틀어박혀서 게임만 하니까 당연히 사회성 발달에 문제가 생기지 않을까 걱정이 됩니다. 그 외에도 게임을 많이 하면 운동량이 부족해서 살이 찌거나 자세가 나빠지는 등 이론적으로 걱정해야 할 일은 정말 많습니다.

게임을 좋아하는 아이의 마음

그렇지만 막연하게 우리 애가 이랬으면 좋겠다는 바람은 말 그대로 바람일 뿐입니다. 아이들과 이야기를 해보면 게임을 하는 게 제일 재미있다고 합니다. 다른 놀 거리에는 관심이 안 간다는 거예요. 그런 아이들에게 부모가 이런 말을 한다고 해보죠.

"게임 하지 마."

"왜?"

"게임 많이 하면 큰일 나."

이런 대화는 아무런 해결책도 주지 않고, 아이 행동을 통제하지도 못합니다. 부모가 알아야 할 건 '이걸 어떻게 막을 것인가' 이전에 '아이들이 왜 이렇게 게임을 많이 하는가'입니다. 이걸 알아야 통제를 해도 할 수 있어요.

게임 중독인 것 같다고 아이를 데려와서 상담을 하게 되면 저는 "너는 무슨 게임을 좋아하니?"라고 물어봅니다. 아이들은 이미 부모에게 많이 혼났기 때문에 제 질문을 듣고 경계하는 눈빛을 합니다. 어떤 게임을 좋아하냐고 하고, 왜 하는지 물어보면 보통은 "재미있어서"라고 대답합니다. 그렇지만 좀 더 자세히 얘기를 들어보면 친구랑 같이 할 수 있으니까, 몬스터를 죽이면 점수가 올라가서 기분이 좋으니까, 내 맘대로 작전을 짤 수 있으니까 하는 식으로 다양한 이야기를 합니다. 여자아이들은 게임 속 아이템이 예뻐서 하게 된다고 합니다.

부모들 중에도 어릴 때 게임을 해본 사람이 많을 거예요. 아니면 화투도 치고 윷놀이도 했을 텐데, 왜 했을까요? 재미있어서 했죠. 그러니까 "그건 왜 해?", "도대체 뭐가 재밌어", "왜 그것만 하려고 해" 이렇게 말하면 아이들한테 무턱대고 화를 내는 것밖에 안 됩니다. 게임을 재미있어하는 아이의 마음을 인정해야죠. 게임 만드는 사람들은 그걸 전문적으로 연구하는 사람들인데 얼마나 재미있게 만들었겠어요. 게임은 재미있는 거예요. 이걸 인정하고 나면 게임이라는 문제를 대처하는 데 좀 더 준비가 된 겁니다.

저는 게임을 많이 하는 아이들을 상담하기 위해 대학생인 아들한테 게임에 대해 물어볼 때가 있습니다. 그러면 그걸 알려줄 때 아들

눈이 반짝반짝 빛나더라고요. 자기가 좋아하는 이야기를 하면 누구나 기분이 좋아지죠. 통제할 때는 통제해도, 게임에 대해 편하게 이야기하는 것도 필요합니다. 아이가 게임을 좋아하는 마음을 인정해 주어야 통제 단계로 넘어갈 수 있습니다.

게임 중에 〈리그오브레전드〉, 줄여서 '롤'이라고 하는 게임이 있습니다. 이 이름은 들어본 분이 많을 텐데, 이 게임은 2009년에 나온 꽤 오래된 게임입니다. 제 아들이 이 게임을 하는데 뭔가 해로운 걸 하는 것 같은 느낌 때문에 저도 은근히 걱정했어요. 그런데 이 게임이 e스포츠로서 아시안게임 정식 종목이 되었어요. 게임 중독이라고 생각한 아이가 프로 게이머가 될 수도 있습니다.

이제는 아이가 평소에 어떤 게임을 하는지, 그 게임을 하면서 뭘 느끼는지에 대해 더 관심을 가져야 합니다. 어떤 게임을 좋아하느냐는 아이에 따라서도 다르고 나이에 따라서도 다를 수 있어요. 그래야 대화가 가능해집니다. 모든 게임이 다 똑같은 건 아니기 때문에 게임이 유해한지, 폭력성이나 선정성이 높은지도 파악해야 합니다. 특히 아이가 어린 경우에는 몇 살에 게임을 시켜줄지, 어디까지 시켜줄지 계획을 세울 수가 있습니다.

아예 안 시켜주고 싶다고요? 그럴 수 있으면 좋은데 그게 쉽지 않습니다. 아이를 키운다는 게 어느 섬에 고립되어서 아이를 키우는 게 아니잖아요. 세상 안에서 타인과 더불어 키우는 거죠. 아이가 친구들과 어울리다 보면 어떻게든 게임에 노출이 됩니다. 게임을 아예 안 하면 친구들 사이에 끼지 못하는 문제가 생길 수도 있고요. 그러니 원천봉쇄하겠다는 비현실적인 계획보다는 현실적으로 건강하게 게임 하게 해줄 방도를 연구하는 게 낫습니다.

자기 할 일을 한 다음에 게임 하기

상담을 해보면 엄마들 중에 게임에 대해 잘 모르고 무조건 화를 내는 사람이 있어요. 예를 들어 〈오버워치〉라는 게임이 있는데 이건 총 쏘는 게임입니다. 그런데 아이들이 총으로 누구를 쏴서 죽인다는 느낌이 아니라 슛해서 골을 넣는 것 같은 느낌으로 이 게임을 하거든요. 그런데 총이 나온다는 이유로 폭력적이라고 아이를 몰아붙이면 아이는 상처만 받고 대화가 진전이 안 됩니다. 아이가 하는 게임을 같이 해보거나 플레이 스테이션이나 닌텐도처럼 온 가족이 할 수 있는 게임도 시도해보세요.

게임에 대한 규칙을 어떻게 정해야 할지에 대해서는 권장 사항을 참고하면 도움이 됩니다. 학령 전 아이들은 하루 20분 정도, 초등학생은 하루 한 시간 정도 허용하면 무난하다고 합니다. 더 중요한 건 자기 할 일을 먼저 하고 게임을 해야 한다는 원칙입니다.

게임을 조건으로 뭘 시키는 경우가 있죠. “이거 하면 게임 하게 해줄게” 하는 식으로 계속하면 아이가 먼저 그 상황을 조정하려고 할 수 있으므로 권하지 않습니다.

게임의 종류는 다양하고 계속해서 새로운 버전이 나옵니다. 요즘 게임은 예전보다 훨씬 복잡해 보이지만 사실 기본적인 흐름이 있습니다. 이때 중요하게 확인해야 하는 건 과금을 하는 게임인가 하는 것입니다. 게임을 할 수 있는 시간을 늘리거나 아이템을 사거나 레벨을 올리기 위해 돈을 지불해야 하는 게임이 있는데 휴대폰에 신용카드가 연동되어 있으면 터치 몇 번에 결제가 됩니다.

그리고 개인 정보를 너무 자세하게 요구하는 게임은 하지 않도록 당부해두세요. 또한 오픈 채팅 혹은 랜덤 채팅은 엄격하게 통제하세요. 이런 곳에서는 욕설이나 성적인 내용이 난무하기 때문에 접근하지 못하도록 해야 합니다.

전문가의 입장에서 보면 게임을 하느냐 안 하느냐보다는 자기가 해야 할 일을 하는지, 규칙을 잘 지키는지, 같이 어울리는 친구가 있는지, 이런 것이 훨씬 더 중요합니다. 자기 할 일을 잘 하고 나가서 친구들과 어울려 놀기도 한다면 게임이 크게 문제가 되지는 않습니다.

4부

현실 엄마에게는
사랑보다
인내가 필요하다

1

아이의 마음은 읽어주고 아이의 주장은 판단하라

저는 부모 상담을 할 때 마음 읽기를 강조합니다. 아이의 마음을 정확하게 알아서 공감해주면 위축되거나 불안했던 아이들이 많이 좋아집니다. 마음이라는 건 뭘까요? 감정과 생각, 행동을 합친 것을 마음이라고 합니다. 아이들은 아직 어리기 때문에 자신이 무슨 생각을 하는지, 어떤 감정을 느끼는지 모르는 경우가 많습니다. 특히 부정적인 감정을 느낄 때 아이는 감정에 압도되어 짜증이나 화를 내거나, 울면서도 자기 마음을 말하지 못합니다. 그런데 부모가 그 마음을 정확하게 알아서 수용해주면 이것만으로도 마음이 편해지고 속상한 마음이 풀어집니다. 명절에 시댁에 가서 제사 지내랴 손님 접대하랴 피곤할 때 "힘들었지" 하는 남편의 한마디가 피로를 녹

여주는 것과 같은 이치입니다. 친밀한 관계란 서로 소통하고 마음을 읽어줄 때 안정감도 얻고 위로도 받는 사이를 의미합니다.

감정은 존중하되 행동은 통제하라

그럼 마음 읽기는 어떻게 하는 걸까요? 아이의 감정을 정확하게 파악해서 인정해주는 겁니다. 집에 들어갈 시간인데 아이는 놀이터에서 더 놀겠다고 우는 상황이라고 가정해보죠. 그럼 어떻게 아이 마음을 읽어줄 수 있을까요? 이때 아이 마음을 아는 건 어렵지 않습니다. 더 놀고 싶은데 집에 가자고 하니까 속상하겠죠. '속상하다'는 감정입니다. '더 놀고 싶다'는 생각이죠. 이처럼 단순한 경우도 있지만 그렇지 않은 경우도 있습니다.

평소에 순했던 3학년 아이가 갑자기 학원을 안 간다고 하고, 숙제도 안 하고, 짜증을 심하게 내서 상담실에 왔습니다. 아이는 그냥 기분이 안 좋다고만 할 뿐 왜 그러는지 말을 안 했어요. 엄마도 왜 그러는지 전혀 모르겠다며 당황스러워했어요. 무슨 일이 있었는지 이야기하다 보니 최근에 시골에 사는 할머니 집에 갔다는 걸 알게 됐어요. 할머니는 강아지를 키우는데 아이는 평소에 강아지를 키우고 싶다는 말을 많이 했어요. 할머니가 "애가 원하는데 해주지 그러니" 하니까 엄마는 예의상 "그러죠"라고 대답해버린 거예요. 그리고 집에 와서는 잊어버렸죠. 그리고 아이가 강아지 얘기를 하니까 아파트에서 어떻게 키우냐고 화를 낸 거예요. 그때부터 아이는 입을 다물고 엄마가 시키는 건 아무것도 안 하려고 했던 거죠. 제가 "강아지를 키우고 싶었는데 못하게 하니까 속상했구나" 하니까 아이가 울더라고요. 할머니 집에 좀 더 자주 가고, 방학에는 며칠씩 자고 오는 것으로 엄마와 약속하고 아이는 이전의 아이로 돌아왔습니다.

그런데 여기서 부모들이 크게 실수하는 게 있습니다. 마음을 읽어주라니까 아이 감정을 읽어주는 데서 나아가 아이가 자기 마음대로 하게 해주는 경우가 있어요. 하지만 아이의 주장은 허용해줄 수 있을 때도 있고 없을 때도 있습니다. 그러므로 감정은 읽어주되 아이의 주장을 수용할 것인가에 대해서는 부모가 결정해야 합니다.

5분만 더 놀게 해줄 수도 있고, 지금 당장 들어가게 할 수도 있겠죠. 후자로 결정했다면 아이 마음을 어떻게 읽어줘야 할까요? "더 놀고 싶구나. 속상하구나." 여기까지만 해주면 되는 겁니다.

마음을 알아주는 것과 원하는 것을 해주는 것은 정말 다릅니다. 마음 읽기는 아이가 스스로 다스리기 어려운 감정을 경험할 때 그 감정을 인정해주는 겁니다. 원하는 것을 못 해서 상한 감정은 마음 읽기의 대상이 아니에요. 원하는 것을 부모가 다 이루어줄 수는 없죠. 그런데 사소한 좌절감까지 알아주고 원하는 걸 들어줘서 아이

기분을 좋게 만들어야 한다고 착각하는 부모들이 있어요. 그러면 아이는 점점 더 많은 걸 요구하고 뭔가를 안 해줬을 때 훨씬 더 짜증을 많이 부려요. 그래서 결국엔 부모가 더 힘들어지는 겁니다. 인정하는 것과 허용하는 건 다르다는 걸 기억하세요.

아이가 감정을 다스리지 못하고 폭발할 때는 진정될 때까지 시간을 주면 됩니다. 점점 더 격해져서 울고불고 바닥에 구르는데 옆에서 계속 "속상하구나" 하면서 마음을 읽어줄 필요는 없습니다. 이건 약 올리는 것처럼 들릴 수도 있어요. 격한 행동이 잦아들면 말없이 아이를 안아주고 토닥거려서 진정시켜주는 게 좋습니다.

마음 읽기의 개념을 더욱 잘 이해하기 위해 연습 문제를 풀어봅시다. 다음 문제에 OX로 답해보세요.

1 마음 읽기가 과하면 아이는 짜증이 많아진다

정답부터 말하자면 O입니다. 마음 읽기가 너무 부족해도 아이가 짜증을 낼 수 있지만, 마음 읽기가 과해져도 짜증이 많아집니다. 원하는 걸 들어줬으면 하는 마음에서 아이가 짜증을 낼 때 부모가 그 마음을 읽어주면 결국 아이의 요구를 들어줘야 합니다. 원하는 걸 안 들어줬을 때 기분이 상한 아이를 기분 좋아지게 만들려면 요구를 들어줄 수밖에 없으니까요. 그러다 안 들어주는 일이 있으면 아이는 더 심하게 짜증을 냅니다.

2 마음 읽기가 부족하면 아이의 공감 능력이 떨어진다

마음 읽기를 못 해주면 공감 능력이 떨어지는 건 맞습니다. 하지만 마음 읽기가 과해도 공감 능력이 떨어집니다. 아이는 세상에 내 마음만 중요하다고 생각하고 상대의 마음은 개의치 않게 될 수 있습니다.

3 아이가 너무 속상해할 때는 원하는 걸 들어주는 게 낫다

답이 X인 건 다 알 겁니다. 알지만 잘 안 되는 일이기도 하죠. 아이가 속상해한다고 원하는 걸 다 들어주는 건 아이를 망치는 지름길입니다. 훈육은 좌절과 결핍을 가르쳐 자아의 힘을 기르는 것입니다. 아이들은 자기 통제력이 부족하므로 자기 마음대로 안 되면 속상해해요. 그렇다고 원하는 걸 들어주면 세상을 살아가는 데 필요한 능력을 키워줄 수 없습니다.

4 아이가 감정을 표현하기 전에 미리 알아주는 게 좋다

표현하지 않은 감정은 진짜 감정이 아닌 경우가 많아요. 감정은 숨기려 해도 신체로 드러나기 때문에 숨겨지지 않습니다. 여러분은 어떤 사람이 싫으면 그게 숨겨지나요? 숨긴다고 숨기려 해도 나도 모르게 싫은 내색을 하게 됩니다. 너무 힘들죠. 어른도 힘든데 아이들이 감정을 숨기는 건 가능하지 않아요. 숨긴다고 부모가 지레짐작하는 것뿐이죠. 짐작으로 마음 읽기를 해줄 필요는 없습니다. 과도한 마음 읽기는 아이가 자기감정만 중요하다고 생각하게 만들 수 있습니다.

5 마음 읽기를 많이 해주면 아이가 실패를 잘 견딘다

아이가 원하는 대로 뭔가가 안 돼서 속상해한다고 해봅시다. 이때 아이는 마음대로 안 되는 걸 견디면서 마음의 힘이 성장합니다. 그런데 이때 부모가 옆에서 호들갑을 떨면서 "마음대로 안 되어서 얼마나 속상하니" 하고 과도하게 마음을 읽어주면 아이는 속상한 감정이 더 커질 수 있어요. 그래서 이런 일에 적당히 무심한 부모의 아이들이 실패도 좀 더 무심하게 견디는 경향을 보입니다.

우리도 그렇잖아요. 예를 들어 온갖 솜씨를 부려 요리를 했는데 맛이 없어요. 이때 가족이 "열심히 했는데 맛이 없어서 정말 속상하겠다"라고 하는 것과 "괜찮은데 그냥 먹지 뭐"라고 하는 것 중에 뭐가 더 나을까요? 전자처럼 반응하면 '정말 내가 실패했구나' 하는 생각이 커지지만 후자처럼 반응하면 '뭐 그렇게 실패한 건 아닌가 보다' 하는 생각이 듭니다.

제발 마음 읽기는 조금만 하세요. 엄격하게 말하면 마음 읽기를 할 만한 경우는 하루에 한 번도 안 됩니다. 아이 스스로도 이유를 모르겠고 딱히 원하는 걸 들어준다고 해도 달래지지 않고 진정되지 않는 감정일 때만 하세요. 아이가 처음에는 원하는 걸 갖고 떼를 쓰다가 나중에는 장난감도 필요 없고 무조건 우는 상태가 될 때도 있습니다. 그럼 이럴 때는 그냥 속상한 것만 달래주면 됩니다. 이때 원하는 걸 들어주면 이것도 큰 실수예요.

또한 이런 경우가 있을 수 있어요. 아이를 마트에 데리고 갔는데 아이가 과자를 사달라고 했어요. 부모 입장에서 지금 사줄 수는 있으나 곧 밥을 먹어야 해요. 그러면 뭐라고 말하겠습니까? "지금 사주기는 하겠지만 집에 가서 저녁부터 먹어야 해"라고 하면 되겠죠. 굳이 여기서 "네가 과자가 먹고 싶구나" 하고 마음 읽기를 하면서 사주면 아이는 자기 요구를 들어줬다고 생각하기 쉬워요. 그래서 "아니, 지금 먹을래"라고 나올 수 있죠. 그럼 여기서 또 "지금 먹고 싶구나"라고 마음을 읽어줄까요? 그랬다가는 걷잡을 수 없게 됩니다. 사주기로 한 건 아이 요구에 굴복한 게 아니라 부모가 주체적으로 결정한 겁니다. 이걸 구분해야 해요.

2

공감과 위로는
하루 두 번이면 충분하다

《나는 내가 좋은 엄마인 줄 알았습니다》는 발달 심리학과 가족관계 심리학을 전공했으며 네 자녀를 둔 엄마이기도 한 앤절린 밀러가 쓴 책입니다. 부제는 '사랑한다면서 망치는 사람, 인에이블러의 고백'이에요. 여기서 '인에이블러(enabler)'는 뭔가를 할 수 있게 해주는(enable) 사람을 뜻합니다. 가족 치료이론에 나오는 전문 용어로 가족을 위해 헌신하고 뒷바라지를 열심히 하는 사람을 의미합니다. 저자는 자신이 인에이블러가 됨으로써 남편과 아이들을 불행 속에서 허우적거리게 했다고 말합니다.

우선 둘째 아들이 스물한 살 때 심각한 증상을 보였어요. 조현 정동 장애라는 병이 생겼는데 이건 조현병에 조울증이 겹친 병입니다. 그래서 입원 치료를 받았는데 증상은 좋아졌지만 평생 약물 치료를 하고 재발하지 않도록 신경을 써야 했어요. 그런데 아들이 퇴원해 돌아와서 증상이 없는데도 불구하고 제멋대로 행동했어요.

저자는 '아픈 애니까' 하면서 많이 참았습니다. 아들은 가족들한테도 함부로 대하고 최소한의 자기 할 일도 안 했어요. 그러던 어느 날 할머니가 왔는데 아들이 막말을 해대는 겁니다. 이건 병의 증상이 아니라 아이의 평소 행동인데 엄마가 잘 몰랐던 거죠. 저자는 그때 처음으로 "그만해"라고 말했고, 아들은 당황스러운 기색을 보였습니다. 이건 무슨 의미냐면 그동안 엄마가 "그만해"를 안 한 거예요. 놀라운 건 그다음부터 아이가 행동을 조심하기 시작했다는 겁니다.

저자는 비로소 알게 되었어요. 아이의 감정을 알아주고 받아준다는 명목으로 형편없이 행동할 때조차 중단해야 한다는 메시지를 주지 않았다는 걸 말이죠.

또 다른 문제는 남편이었어요. 저자가 아이 넷을 낳아 기르는 동안 남편은 별로 도와준 게 없었어요. 일이 잘 풀리지 않았던 남편은 본인 고통에 빠져서 허우적거리기만 했습니다. 저자는 저처럼 임상과 상담을 공부했기 때문에 공감과 위로에는 누구보다 전문가였어요. 그래서 남편을 최대한 공감하고 위로했지만 남편은 점점 더 절망에 빠졌어요. 어느 날 정원에 있던 나무 중 한 그루가 병이 들어 주변 나무에 병충해가 옮겨갈 기세여서 저자가 정원사를 불러 나무를 벴습니다. 그런데 남편이 그걸 보고 길길이 날뛰는 거예요. 자기가 사랑하는 나무를 벴다고 말이죠.

이때 저자는 화가 나서 처음으로 남편한테 큰소리를 냅니다. 당신이 하는 행동은 마치 어린애 같다, 당신 자신이 비극적인 운명의 주인공이라고 착각하지만 남들이 볼 땐 그냥 미친 것 같다고 했어요. 남편은 처음 보는 아내 모습에 깜짝 놀랐고 이후로 최소한의 자기 역할을 하기 시작했습니다.

저자는 책에서 자신은 가족을 사랑한다고 하면서 가족을 무능하게 만든 인에이블러였다고 고백합니다. 아직 자신이 인에이블러라는 걸 자각하지 못한 사람들이 있다면 먼저 자신이 인에이블러라는 걸 인정해야 변화할 수 있다고 말합니다.

지나친 마음 읽기의 부작용

여러분은 어떤가요? 내가 인에이블러는 아닌지 한번 돌아보길 바랍니다. 마음 읽기가 과도하면 인에이블러가 될 수 있다는 걸 주의해야 합니다. 엄마 찬스가 있으면 아이들은 치열하게 살지 않습니다. '너 힘들구나' 하고 마음을 읽어주는 게 도를 넘어가면 나도 모르게 인에이블러로서 역할을 합니다. 수시로 아이를 위로해주는 것도 내가 인에이블러라는 신호일 수 있어요. 아이가 곤란한 상황에

처했을 때 적극적으로 도와준다면? 전형적인 인에이블러입니다.

저 역시도 무심결에 인에이블러가 될 때가 있습니다. 딸이 심리학을 공부하고 있는데 전문 용어를 다 저한테 물어보더라고요. 하루는 안 되겠다 싶어서 제동을 걸었어요.

"책 찾아보면 다 있거든."

"엄마는 알잖아."

"아니, 다 알지는 못해."

"그래도 엄마한테 물어보는 게 빨라."

그때 제가 깨달았어요. '자판기'가 옆에 있어서 그렇구나. 스스로 찾아보면 되는 걸 엄마한테 물어보면 빨리 유능하게 처리해주니까 저한테 계속 물어봤던 거죠.

간혹 아이가 가방 메고 학교 가는 것도 안쓰럽다고 가방 들어주는 엄마들이 있어요. 그런데 가방을 드는 게 그 나이에 못 할 일은 아니죠. 앞으로 쭉 해야 할 일이기도 하고요.

아이가 안쓰럽다고 엄마가 자꾸 해주면 아이들은 '이건 내 일이 아니야'라고 생각하게 됩니다. 엄마가 지금 안쓰럽게 생각하는 게 아이가 정말 못 하는 일인지 생각해보고 할 만한 일이면 하도록 두고 그냥 뿌듯하게 생각하면 됩니다. '우리 아이 대견하네, 많이 컸네'라고 생각하세요. 안쓰러운 게 아니라 아이가 못 미더워서 대신 해주는 엄마들도 있어요. 그러면 아이는 무슨 일을 하건 '난 잘할 수 없을 것 같아'라는 마음이 들 수 있습니다. 아이들은 잘하지 못하니까 배우는 거죠.

인에이블러로 살고 있다면 지금 당장 그만둬야 합니다. 이건 선택의 문제가 아니에요. 아이가 자율성과 독립성을 키워나갈 기회를 빼앗고 있는 것입니다. 스스로 인에이블러라는 걸 인정했다면 그다음에는 행동을 변화시켜야 합니다.

실천하기 쉬운 방법을 알려드릴게요. 마음을 알아주거나 위로해주는 건 하루에 두 번, 각 3분씩만 해주세요.

엄마와 아이의 능력 차이는 어마어마하게 많이 납니다. 그래서 아이가 스스로 하는 걸 지켜보면 답답하기도 하고 엄마로서 할 일을 안 하는 것 같은 느낌이 들 수 있어요. 그러나 엄마가 할 일은 아이가 서툴고 어눌하게 해가는 과정을 도와주거나 위로해주지 않고 지켜보는 겁니다. 아이는 생각보다 빨리 자랍니다.

3

과도한 칭찬은 독이다

여러분은 어릴 때 칭찬을 많이 받으셨나요? 저는 칭찬을 들어본 적이 거의 없습니다. 박사학위 받았을 때 정도였던 것 같아요. 그리고 제가 만난 부모들 중에 칭찬을 많이 받으며 자랐다고 말하는 사람은 50명 중에 한 명 정도인 것 같아요. 시대적 상황과 분위기가 영향을 미쳤겠죠. 사실 칭찬한다는 건 의식적으로 노력해야 하기 때문에 먹고살기 바쁜 시절을 산 우리 부모 세대는 신경 쓰기가 쉽지 않았을 것입니다.

이렇게 칭찬을 잘 받지 못한 채 자란 부모들 중에는 '나는 칭찬을 못 받아서 자존감이 낮은 것 같아. 우리 애는 칭찬을 많이 해줘야지'라고 생각하는 사람이 많아요. 게다가 육아서에서도, 미디어에 출연한 전문가들도 그렇게 말하거든요. 아이한테 칭찬을 많이 해주라고 말이죠. 마치 칭찬이 만병통치약인 것처럼 얘기하기도 합니다.

말하는 엄마 입장에서는 기쁜 마음으로 칭찬을 하는데 이 칭찬이라는 게 미묘하고 복잡한 면이 있어서 부작용이 생기는 경우도 많습니다. 실제로 이 문제 때문에 상담을 받으러 오는 경우도 의외로 많습니다.

초등학교 2학년 남자아이를 데리고 온 엄마가 있었는데 엄마 말로는 친구들이 아이를 싫어한다는 거예요. 그 이유는 아이가 거짓말을 많이 하기 때문이랍니다. 아이가 말을 계속 지어낸다고 하더군요. 그래서 제가 아이를 데리고 얘기를 해봤습니다.

"너는 뭘 잘해?"라고 물었더니 자전거를 잘 탄다고 했어요. 그래서 "자전거를 얼마나 잘 타?"라고 물었더니 자전거 타고 높이 뛸 수 있대요. 말이 안 되죠. 그래서 "얼마나 높이 뛰어?" 했더니 아이가 당황하더라고요. 거기까지 질문할 줄은 몰랐던 거겠죠. 아이가 다시 "나무 만큼요"라고 대답하기에 제가 손바닥 길이만큼 손을 들고 "요만한 나무?" 그랬더니 아이가 기분이 상했나 봐요. "아니 되게 큰 나무요"라고 하더군요. 그래서 "얼마나 큰 나무?"라고 물었더니 "우리 아파트만큼 큰 나무요"라며 어이없는 답을 했어요. 얼마나 높이 뛰는지 그림으로 그려보라고 했어요. 그랬더니 아이가 아파트를 그리고 아파트만큼 큰 나무를 그리고 아파트 꼭대기에 자전거를 탄 자기를 그리더라고요.

"이렇게 높이 뛰는 자전거도 있어?"

"있어요."

"그러면 선생님 보여줄 수 있어?"

"아, 그거는 보여줄 수 없어요."

그래서 이유를 물었더니 그건 어디 어디 창고에 있다는 둥 계속 황당한 얘기를 만들어내더라고요.

아이와 얘기하면서 알게 된 건 아이가 지어낸 이야기를 했을 때 엄마가 의구심 없이 들어주었다는 것이었어요. 엄마는 아이가 무슨 이야기를 하든 "재밌다"라면서 긍정적인 반응을 해주는 데 주력했을 거예요. 그러니까 이 아이는 엄마처럼 다른 사람들도 자기가 어떤 얘기를 하든 잘했다, 재미있다고 반응해줄 거라고 믿었겠죠. 이게 학습이 돼서 학교에 가서도 계속 이야기를 지어냈던 겁니다. 그런데 자꾸 거짓말을 하니까 어느 순간부터 친구들이 안 놀아주게 된 거죠.

칭찬의 역효과

이처럼 과도한 칭찬은 부작용을 낳을 수 있습니다. 《양육 쇼크》라는 책의 첫 장을 보면 충격적인 내용이 있습니다. 첫 장의 제목이 '칭찬의 역효과'예요. 여기에는 실험 하나가 소개되었는데, 한 집단의 아이들에게는 똑똑하다는 칭찬을 많이 해주고, 다른 집단의 아이들에게는 칭찬을 거의 해주지 않았어요. 그리고 다양한 난이도의 문제들을 주면서 골라서 풀어보도록 했습니다. 언뜻 생각하면 똑똑하다는 칭찬을 많이 들은 아이들이 어려운 문제를 골라서 풀 것 같죠?

그런데 결과는 반대였습니다. 칭찬을 많이 들은 아이들은 상대적으로 쉬운 문제를 골랐어요. 그리고 칭찬을 별로 못 들은 아이들은 약간 어려운 문제를 골랐습니다. 똑똑하다는 칭찬을 많이 들은 아이들은 실패할 것 같은 과제에 도전하지 않은 거예요. 실패하면 칭찬을 못 들을 것 같으니까.

똑똑하다는 칭찬을 과도하게 하면 노력을 과소평가할 수도 있습니다. 열심히 해서 잘하는 건 똑똑하지 않은 거라고 생각해서 열심히 하는 걸 우습게 압니다.

공부를 열심히 안 했는데도 시험을 잘 봤다는 걸 더 중요하게 생각해요. 100점을 맞았다는 것에 대해서만 칭찬을 하면 아이들은 100점이 중요하지 그 과정을 열심히 하는 건 미련하다고 생각하기도 해요. 열심히 해서 시험을 잘 봐도 상대적으로 노력을 덜 기울여서 시험을 잘 보는 친구들이 훨씬 자기보다 똑똑하다고 생각해요.

그래서 머리가 좋은 아이들 중에 자라면서 좌절을 경험하는 경우가 많습니다. 초등학교 때는 성적이 좋다고 항상 칭찬을 받았어요. 초등학교 때는 그냥 눈으로만 보고 시험을 볼 수 있었는데 중학생이 되면 공부를 해야 하죠. 그런데 아이는 노력을 기울여야 한다는 걸 알지 못한 채 중학생이 되었고, 막상 노력을 하려니까 그게 아주 고통스럽다는 것을 알게 되는 거죠. 따라서 똑똑하다는 칭찬은 하지 않는 게 좋습니다. 대신 열심히 했다는 과정에 대해 칭찬해주세요.

또한 칭찬에 중독되면 심각한 문제가 생깁니다. 예를 들면 어떤 아이가 책을 많이 읽는 데 대해서 칭찬을 많이 받았다고 해보죠. 그런데 어느 날 새로운 도전을 했어요. 그림을 그린 거죠. 그런데 그림은 잘 못 그렸어요. 칭찬이 안 오죠. 그러면 아이는 '책을 읽어야 칭찬을 받는구나'라고 생각해서 그림은 포기하고 책만 읽게 됩니다. 칭찬은 '강화', 즉 특정 행동을 늘어나게끔 하는 거예요.

칭찬을 받으면 칭찬받은 행동만 하게 됩니다. 반면 칭찬을 받지 못할 경우에 자기가 하잘것없다는 느낌을 받아요. 그러니까 어떤 걸 할 때 '내가 뭘 하고 싶지'가 아니라 '뭘 해야 칭찬받지'라는 생각을 하게 되죠.

칭찬의 부작용은 또 있습니다. 일단 칭찬을 많이 들으면 '칭찬받는 나'라는 왜곡된 자기가 생깁니다. '내가 이걸 하면 당연히 남들이 잘한다고 해야지'라는 마음이 생겨서 거만해질 수 있습니다. 자신이 제일 잘났다고 생각하고 남을 쉽게 칭찬하지 못하게 될 수 있어요.

이런 이야기를 들으면 부모들은 또다시 혼란스러워질 겁니다. 칭찬을 많이 하라고 해서 했는데 이렇게 예상치 못한 결과가 나오기도 하니 말입니다. 이것만 기억하세요. 칭찬이 필요할 때가 있습니다. 다음 두 가지 경우가 가장 대표적이에요.

1 새로운 것을 시도할 때

예전에 아이들을 데리고 수영장에 간 적이 있어요. 풀이 여러 개가 있는데 그중의 하나가 작고 깊은 풀이었어요. 2미터 이상이니까 거기에 들어가는 아이들은 거의 없었습니다. 근데 제 아들이 그걸 하고 싶었나 봐요. 거기 가서 계속 들여다보더라고요. 하고는 싶은데 무서운 거죠. "엄마 나 저거 하고 싶어" 해서 "해도 되지. 할 수 있지"라고 했지만 하라고 강요하지는 않았어요.

새로운 것 앞에서 아이가 멈칫거리거나 용기를 못 낼 때 그 시도 자체를 칭찬해주세요. 우리 아들은 그렇게 빙글빙글 돌기를 한 다섯 번을 했습니다. 마지막엔 뛰어내리더라고요. 대단하다고 칭찬해줬죠.

늘 하던 걸 하는데 칭찬을 하면 아이들은 어떤 게 칭찬받을 행동인지 잘 몰라요. 그래서 칭찬은 새로운 걸 시도할 때 해주면 정말 효과적입니다. "해봐. 할 수 있어" 이거는 칭찬이 아니고 떠밀기입니다. 오히려 부담이 될 수 있어요. 그래서 "이런 걸 할 생각을 다 했구나" 정도로 칭찬해주면 좋습니다. 그럼 아이들은 새로운 걸 시도해보는 게 칭찬받을 일이라고 느끼게 됩니다.

2 힘든 것을 참고 해냈을 때

이건 자주 해줄 필요가 있어요. 숙제할 때 혼내면서 시킬 때가 있죠. 이때 아이가 숙제를 끝내면 "잘했어" 하고 칭찬해주셔야 해요. 매일 하는 숙제지만 그걸 매일 하는 건 쉬운 게 아니니까요. 아이는 힘들지만 끝까지 하는 게 칭찬받을 일이라고 생각하면서 그런 것들에 대해서 조금 더 가치를 두게 됩니다.

정리하면 칭찬은 새로운 시도를 하려고 할 때, 긍정적인 시도를 할 때 아낌없이 해주세요. 설사 그걸 하지 않더라도 하려고 생각했다는 것만으로도 "그거 할 생각을 다 했어" 하고 칭찬하세요.

밥 먹는 것 같은 건 칭찬하지 마세요. 아이들이 나중에 '내가 배가 터질 만큼 먹으면 칭찬받는구나' 해서 항상 터질 만큼 먹다가 과체중이 될 수도 있습니다. 잘 먹는 아이들이 비만한 것 같지만 잘 먹는다고 칭찬받은 애들이 비만해지는 경우가 더 많습니다.

그럼 칭찬을 언제, 몇 번 해야 할까요? 좋은 행동에 대해서 부정기적으로 칭찬하세요. 어떤 행동을 할 때마다 정기적으로 칭찬하면 아이가 '이런 걸 하면 칭찬을 받아' 하는 걸 학습해서 칭찬을 위해 그것만 하려고 합니다. 자신이 원해서 하는 게 아니라 칭찬받으려고 뭔가를 하는 건 부작용의 시작입니다.

칭찬을 받으려고 뭔가를 하는 것보다 비난받을 때 흔들리지 않는

멘탈이 세상을 살아가면서 더 중요합니다. 칭찬을 너무 많이 해주면 오히려 비난에 취약해질 수 있습니다.

'이걸 하면 칭찬받겠지'라든지 '칭찬을 못 받으면 어떡하지'라는 생각을 하지 않을 때 아이들은 자신이 진정으로 원하는 일을 외부의 압력에 굴하지 않고 해나갈 수 있습니다. 칭찬이라는 것은 이처럼 개인의 심리에 스프레이를 뿌리듯이 쫙 스며들어서 어떤 식으로든지 인생에 영향을 미치게 됩니다.

4

자존감에 대해
부모가 착각하는 세 가지

부모라면 너 나 할 것 없이 누구나 다 관심을 갖는 주제가 있죠. 바로 자존감입니다. 임상을 하면서 많은 엄마를 만나는데 60~70퍼센트 정도는 아이의 자존감 얘기를 하는 것 같아요.

"우리 애가 이런데 자존감이 낮은 것 아닐까요?"
"어떻게 하면 자존감이 높은 애로 키울 수 있을까요?"

자존감에 관한 이야기는 미디어에서도 책에서도 참 많이 나옵니다. 여기서는 평소에 자존감에 대해서 들을 수 있는 얘기 말고, 알아두면 좋을, 좀 더 디테일한 얘기를 해보도록 하겠습니다.

자존감을 높이려고 애쓰지 않아도 되는 이유

자존감은 선천적인 자질이 결코 아닙니다. 타고 태어나는 건 기질이고, 자존감은 태어나서 스무 살이 될 때까지 커나가는 겁니다. 커나간다는 건 아이가 3~5세 때 자존감이 조금씩 생겨나서 점점 안정되고 성인이 된 후에는 내내 안정적으로 유지된다는 뜻입니다.

아이가 태어나서 처음에 3~5년 동안이 굉장히 중요하다는 건 다 알고 있죠. 3~5세 안에 자존감의 기본 틀이 형성되고, 그후로 조금씩 변동이 생기기도 하면서 성인이 될 때까지 형성되어갑니다. 이 중요한 시기에 부모님이 해줄 건 이미 다 알고 있을 거예요. "너는 사랑스러워. 뭘 해서 사랑하는 게 아니라 그냥 너 자체를 사랑해." 이렇게 사랑의 카펫을 쭉 깔아준다고 생각하면 돼요. 그 기간에는 부모가 조건 없이 수용해주고 사랑해주면 아이들은 '나는 사랑받을 만한 사람이야', '나는 가치 있는 사람이야'라는 느낌을 받습니다. 이런 느낌을 갖고 살아야 나중에 삶의 조건이 바뀌어도 자존감이 흔들리지 않습니다.

아이를 혼내는 게 아이의 자존감을 깎는다고 착각하는 부모가 많습니다. 하지만 그렇지 않습니다. 혼낼 때 아이를 사랑하지 않는다고 말하면 자존감에 악영향을 미치겠죠. "너를 혼낼 때도 있지만 이 행동에 대해 혼내는 거지 네가 미운 게 아냐"라는 메시지를 주면 괜찮습니다.

부모들이 아이의 어떤 행동을 보고 '이거 자존감에 문제 있는 거 아닌가' 하고 착각하는 문제가 몇 가지 있습니다. 그러므로 자존감으로 착각할 수 있는 요인을 알고 구분할 필요가 있습니다.

1 내향성

기질적으로 내향적인 아이들을 외향적인 아이에 비해 자존감이 낮다고 보는 경향이 있습니다. 외향적인 아이들은 나가는 걸 좋아하고 이것저것 보고 만져도 보고 다가가 보는 걸 좋아합니다. 자극이 많은 걸 좋아해서 자극을 쫓아다닙니다. 반면 내향적인 아이들은 나가는 걸 싫어해요. 자극이 많이 들어오면 피곤해합니다. 나가면 금방 "엄마 집에 가면 안 돼요?"라고 합니다. 익숙하고 조용한 데서 자기만의 활동을 하는 걸 좋아해요. 이런 아이를 보고 '우리가 자존감이 낮은 거 아닌가'라고 생각할 수 있죠. 그러나 이건 좋고 나쁜 게 아니라 그저 다른 기질일 뿐이에요. 자존감과는 아무런 관련이 없습니다.

2 보상에 대한 의존성

타인을 많이 의식하는 아이는 자존감이 낮다고 착각하는 경우가 있습니다. '타인의 시선에 얼마나 민감한가'를 어렵게 말하면 '보상에 대한 의존성'이라고 합니다. 다른 사람이 나를 쳐다보느냐 안 쳐다보느냐, 관심을 주느냐 주지 않느냐에 대한 반응성입니다. 태어날 때부터 사람들의 반응에 민감한 아이가 있고 그렇지 않은 아이가 있어요.

제가 얼마 전 엘리베이터를 타고 집에 오는데 어떤 아이 둘이 탔어요. "안녕하세요" 하고 인사를 하더라고요. 그래서 "오 그래. 너네 몇 층 사니?" 그러니까 "저희 ○층에 살아요" 하기에 "그래. 집에 가는구나" 했어요. 그런데 두 아이가 저를 이렇게 똘망똘망 쳐다보는 거예요. 그래서 계속 질문을 했어요. "어디 갔다 오니?" "수학 학원에요" 이러면서요. 그게 참 귀엽기도 하고 이 아이들은 보상 의존성이 높아서 계속 제가 관심을 갖기를 바라는구나 하는 느낌이 들었습니다. 이와 달리 엘리베이터에 같이 타면 인사는 하더라도 "어디 갔다 와?" 하고 말을 걸면 고개를 푹 숙이는 아이도 있습니다. 후자의 경우라면 엄마 입장에서는 '우리 애가 자존감이 낮나' 하고 착각할 수 있지만, 그냥 다른 사람이 나한테 관심 주는 걸 좋아하는 아이와 그렇지 않은 아이가 있을 뿐입니다.

타인에게 별로 관심이 없는 아이 중의 하나가 제 아들인데 어릴 때부터 혼자 노는 걸 좋아했어요. 심지어 집에서도 구석에 가서 놉니다. 제가 가서 "뭐해?" 그러면 등을 돌리고 별로 안 좋아해요. 자기만의 영역에서 혼자만의 뭔가를 하는 걸 좋아하거든요. 제가 "엄마랑 잠깐 놀래?"라고 해도 "꼭 그래야 해?"라고 했어요.

이런 아이를 가진 부모 중에 가끔 애하고 애착 형성이 안 된 것 같다고 걱정하는 경우가 있는데, 그것도 아닙니다. 다른 사람의 반응이 나한테 별로 중요하지 않은 기질적 특징이 있는 반면 그게 중요한 기질적 특징도 있습니다. 이건 자존감이 아니라는 걸 기억하세요.

3 경쟁심

경쟁심이 높은 아이가 있고 그렇지 않은 아이들이 있어요. "꼭 이길 거야"라고 하는 아이가 있는 반면 어떤 애는 경쟁이 시작되면 "꼭 해야 해?"라며 부담스러워하는 아이들이 있어요. 얼핏 보기에는 경쟁심이 강한 아이가 자존감이 높아 보일 수 있습니다. 하지만 경쟁심 자체는 자존감하고 상관이 없습니다.

오히려 경쟁적인 아이는 이런 경쟁으로 인해서 자존감이 좀 불안정할 수 있습니다. 경쟁이란 게 다른 사람이나 무언가와 시합을 해서 이겨야 하는 거잖아요. 이기면 좋지만 항상 이길 수는 없죠. 이기면 좋았다가 지면 자존감이 낮아지는 일이 반복되니까 자존감이라는 게 안정적으로 유지될 수가 없습니다.

제가 아는 아이들 중에 이런 경우가 꽤 있어요. 어렸을 때는 똘똘해서 뭐든지 잘했고 칭찬을 받았어요. 그런데 클수록 아무래도 난관이 많아지고 더 잘하는 아이도 만나게 되고 더 복잡한 영역이 나타나잖아요. 경쟁심이 높으니까 질 수도 있는 위험을 무릅쓰고 싶지 않아서 모든 경쟁을 피하는 아이들을 꽤 봤습니다. 그래서 경쟁심이 높은 아이들은 자존감이 유지될 수 있게 신경을 쓸 필요가 있습니다.

어떻게 해야 할까요? 경쟁의 장을 최대한 줄여야 해요. 이 아이들이 무언가를 할 때 그 활동 자체보다는 이기는 데 신경 쓰기 때문에 경쟁심에서 비롯된 호르몬들이 나오거든요. 대회에 나간다든지 둘이 경쟁하게 시킨다든지 이런 일은 가급적 좀 큰 다음에 해야 이기려는 본능적인 느낌에서 좀 벗어날 수 있어요.

사실 자존감에 대해 딱 정해진 정의가 있진 않아요. 심리학자마다 다르게 정의하는데 저는 윌리엄 제임스라는 심리학자의 정의가 자존감에 대해 잘 설명하고 있다고 생각합니다.

제임스는 '기대분의 성공'이라는 공식으로 자존감을 설명합니다. 기대분의 성공은 내가 성공하기를 기대한 것에 비해 실제로 성공한 비율을 말합니다. 나는 나 자신한테 10을 기대했는데 10을 다 했다면 어떨까요? 기대만큼 했으니 기분이 엄청 좋겠죠. 기대가 20인데 10을 했다면? 자존감이 떨어지는 거죠. 나라는 사람이 할 수 있는 건 똑같이 10인데 기대에 따라서 자존감이 높아질 수도 있고 낮아질 수도 있다는 겁니다.

그럼 이 기대는 누가 할까요? 어느 정도 자란 후에는 내가 스스로한테 기대할 수 있겠죠. 그러나 자존감이 형성되는 시기에는 부모가 아이에 대해 기대를 합니다. 이 기대치가 어느 정도인가에 따라 자존감에 큰 영향을 미칩니다.

저는 저 자신한테 기대를 많이 하지 않습니다. 제가 오랫동안 교육을 하다 보니까 '아이한테 이만큼 가르치면 이만큼 되더라' 하는 경험적 기대치가 생겼어요. 여기서 더 힘든 일이 생기면 '70퍼센트 정도는 할 수 있을 것 같다' 혹은 '혼자 힘으로는 50퍼센트밖에 못하겠다'라고 기대치를 재빨리 조정합니다. 그래야 기분 나쁜 일이 덜 일어나거든요. 마찬가지로 부모는 아이가 자존감을 다치지 않도록 기대치를 조정해줘야 합니다.

자존감이 아닌데 자존감처럼 느껴지는 것들을 구별하고, 아이에 대한 기대를 조정해서 아이의 자존감을 지켜주세요. 너무 조급해하지 않아도 됩니다. 자존감이라는 게 아이한테 정말 중요한 마음이긴 하지만 20여 년에 걸쳐서 만들어지기 때문입니다.

무엇보다 아이의 존재 자체가 소중하고 사랑한다는 것을 아이에게 많이 얘기해주세요.

5

지나친 상호작용은 집중력을 해친다

아이들을 상담하다 보니 최근에 좀 눈에 띄는 현상이 있습니다. 아이들을 이해하기 위해서는 종합적인 심리 평가를 하는데 여기에는 10~15개 정도의 검사가 포함되어 있고, 두세 시간 정도가 걸립니다. 거기에는 부모님 검사도 포함되어 있습니다.

그중에 인물화 검사라고 해서 간단한 그림을 그리는 검사가 있어요. A4 용지와 연필을 주고 사람을 한번 그려보라고 합니다. 그러면 아이들이 나이 수준에 따라 다른 그림을 그립니다. 연령이 어릴수록 좀 단순하고 선도 삐뚤빼뚤합니다. 좀 큰 아이들일수록 선이 반듯하고 비율도 맞습니다. 그림 솜씨를 보자는 건 아닙니다. 인물의 비율이나 디테일에 대한 묘사 등을 보는데 요즘 아이들에게 눈에 띄게 달라진 점이 있습니다. 예전에 비해 질문을 하는 아이들이 훨씬 많아졌다는 것입니다.

"사람 전체 모습을 그려볼래?"

"사람이요? 남자요?"

"그냥 네가 그리고 싶은 대로 그리면 돼."

그럼 그리면 되는데 또 물어봅니다.

"크게요?"

"네 마음대로 하면 돼."

이렇게까지 말했는데 아이는 계속 제 눈치를 보면서 머뭇거립니다. 아무 말 안 하고 있으면 선을 살짝 긋고 저를 쳐다봐요. 그리고 선을 약간 더 긋고 다시 저를 쳐다봅니다. 처음에는 왜 그러는지 잘 몰랐어요. 그런데 아이들 얼굴을 가만히 보니까 "나 잘하고 있어요?"라고 확인을 구하는 표정이었어요.

어떤 아이는 연필을 잡는 게 나이에 비해 좀 어눌하더라고요. 엄마가 자기 손 위로 연필을 같이 잡아주기를 바라는 것처럼 말이죠. 그래서 제가 처음에는 연필을 같이 잡아주다가 손을 놓았더니 저 한 번 보고 그림 조금 그리고를 반복하면서 아주 유치한 그림을 그렸어요. 보통 6~7세쯤 되면 유치원에서도 그림을 많이 그리기 때문에 머릿속으로 어느 정도 생각을 해보고 그림을 그립니다. 사람의 모습을 떠올리고 어디서부터 어떻게 그리겠다는 계획을 세운 다음 쓱쓱 그려나가죠. 그런데 선 하나 그을 때마다 머뭇거리고 제 눈치를 보는 아이가 많아졌어요. 그리고 더 잘 그릴 수 있을 것 같은데 대충 그리고 끝내는 아이들도 많아졌습니다.

엄마의 간섭과 아이의 집중력

왜 이런 현상이 나타나는지 한동안 고민했어요. 그러다 어느 날 머릿속에 어떤 장면이 떠오르더라고요. 아이가 뭔가를 하려고 시작하는데 엄마가 묻는 거죠.

"너 뭐 하려고?"

"그림 그리려고."

아이들이 연필을 들고 그림 그리기 전에 저를 쳐다보거든요. 그 모습이 뭔가를 기다리는 것처럼 보였는데 엄마의 허락을 기다리던 습관인 것 같아요. 그림 그리기 시작할 때도 머뭇거리는 걸 보면 그 사이에도 엄마가 질문이나 지시를 했던 것 같아요.

"뭘 그리려고?"

"사람 그릴 건데."

"어떻게 그릴 건데?"

그림을 그리는 중간중간에도 엄마가 계속 물어봤을 것 같아요.

"그게 사람이야?", "그건 뭐야, 머리야?", "눈은 좀 더 커야 할 것 같은데."

엄마 딴에는 아이가 뭘 할 때 옆에서 도와준다고 생각하고 참견을 하는 겁니다. 그러면 압박감을 느낀 아이는 그릴 내용을 머릿속으로 생각하기도 전에 그림을 그리게 되죠. 엄마가 놀아주지 않으면 심심해진 아이들은 혼자 구석구석 찾아다니면서 놀 거리를 찾아요. 그런데 엄마가 계속 "뭐 하고 놀 거야?", "이거 할래, 저거 할래?", "그걸로 뭘 할 거야?" 하면서 일일이 간섭하는 겁니다. 마치 주관식 과제를 객관식으로 다 쪼개서 풀게 하는 것처럼 말이죠. 실제로 엄마들한테 물어봤더니 자기도 모르게 이런 식으로 아이를 대한 경우가 많더라고요.

이 검사를 하면서 나이에 비해 그림의 질이 너무 떨어지거나 아이의 주의력이 자주 끊기면 다시 해보자고 합니다. "이거 다시 해보자. 이것보다 잘할 수 있을 것 같은데"라고 하면 싫다고 하는 아이들이 있습니다. "그럼 같이 해줘요"라고 하는 아이들도 있습니다. 그리고 연필을 제 쪽으로 기울여서 같이 잡아달라고 해요. 엄마랑 같이 하겠다는 아이도 있습니다.

아이가 싫다고 하지 않으면 다시 해보도록 한 뒤 이번에는 제가 하나씩 가르쳐줍니다. "여기 머리잖아. 머리는 동그라미를 좀 더 크게 그렸으면 좋겠어.", "선생님 봐. 머리 말고 또 뭐 있어?", "몸 아래에는 또 뭐가 있어?" 사람 하나 그리는 것도 생각보다 복잡한 활동이에요. 관찰과 경험, 위치에 대한 감각 등을 통합해서 사용하게 됩니다. 이렇게 지도해주면 처음에 그렸던 것보다 훨씬 위치와 비율이 맞고 디테일도 정확하게 그립니다. 그러고 나면 아이도 뿌듯해해요. "이거 잘 그렸다. 진짜 사람 같은데" 하고 종이 한 장을 더 주면서 다시 그려보라고 합니다. 그러면 이 아이가 가장 잘 수행할 수 있는 정도까지 발휘하더라고요.

아이가 뭔가에 몰두할 때 너무 자주 방해하면 집중력이 토막이 납니다. 아이가 집중력을 온전히 발휘할 수 있도록 내버려두는 것도 필요해요. 그 아이의 나이에 맞게 스스로 해보게 하세요. 시간이 너무 오래 걸리거나 어렵거나 복잡하면 그때 엄마가 도와주면 됩니다.

보통 학교 가기 전 나이의 아이들은 지루하거나 싫은 것도 5~10분은 집중해서 할 수 있습니다. "여기에 있는 걸 저쪽으로 옮겨놔", "옷을 세탁기에 갖다 놔", "치카치카를 30번을 해", 이런 정도는 할 수 있습니다.

주의 집중력이라는 게 놀이를 할 때보다는 일상생활에서 해야 할 일을 할 때 필요하거든요. 우리가 공부할 때 집중하라고 하지 유튜브 볼 때 집중하라고 하진 않잖아요. 그래서 일상생활이든 학습이든 아이들이 배워야 하는 것이 있다면 한 문제를 풀더라도 끝까지 혼자 풀어보게 하는 게 좋습니다. 그리고 그 문제를 들여다보고 있는 동안에는 간섭하지 않는 게 좋습니다.

6

아이가 엄마 마음을 알아주길 바라지 마라

친정 엄마와 지나간 이야기를 하다가 감정이 상했던 기억을 얘기할 때가 있습니다. 자라다 보면 누구나 부모로부터 상처받고, 이해받지 못해서 억울했던 때가 있을 거예요. 제 어머니 같은 경우는 이럴 때 속상했다 저럴 때 서운했다고 하면 모든 걸 부정하세요. 기억이 안 난다고 하거나 먹고살기 힘들어서 어쩔 수 없었다는 식이에요. 엄마가 받아주지 않는다고 생각해서 이후에는 잘 얘기하지 않게 되었어요.

그런데 제 아이들이 다 크고 나니 어렸을 때 서운했던 일을 얘기할 때가 있습니다. 돌이켜보니까 그때 아이 마음을 좀 알아줬으면 어땠을까 하는 일들이 좀 있더라고요.

아직, 아이는 아이일 뿐이다

우리 딸이 초등학교 2학년 때였던 것 같은데 그 당시에 학습지를 하나 하고 있었어요. 친구들은 다 하는데 자기만 안 시켜준다고 하도 졸라서 하나 시켜줬어요. 매일 일정 분량을 하고 선생님이 일주일에 한 번 집에 와서 20~30분 봐주고 가는 식이었어요.

그런데 선생님이 방문할 때면 시간 맞춰 퇴근해서 선생님을 맞이하고 수업 진행되는 걸 지켜보고 배웅하는 게 저한테는 꽤 큰 부담이었습니다. 더 큰 문제는 부랴부랴 집에 왔는데 딸이 없는 경우가 있다는 거예요. 학습지 선생님이 집에 왔는데 아이가 없으면 제 입장이 어떻겠어요. 그게 너무 스트레스였습니다.

그러던 어느 날 집에 갔더니 애가 또 없는 거예요. 그래서 "선생님 죄송해요. 제가 찾아올게요" 하고는 동네를 뛰어다니면서 애를 찾았습니다. 공부 시간이 20~30분인데 애를 찾느라 15분을 썼어요. 애를 찾아서 손목을 확 잡아채고 엘리베이터를 타고 올라가는데 너무 화가 나는 거예요. 집에 들어와서 선생님한테 죄송하다고 하고 시간이 다 됐으니 오늘은 그냥 가시라고 했어요.

선생님을 배웅하고 현관에 있는데 딸이 "엄마" 하고 뭘 주더라고요. 보니까 잡초예요. 꽃같이 보이는 하얀 게 매달린 잡초예요. 당시에 딸이 밖에서 뭘 많이 주워왔어요. 출처를 알 수 없는 물건들, 위생 상태가 불량한 물건이 많았습니다. 그래서 잡초를 확 뺏은 다음 쓰레기통에 버렸습니다.

그날 저녁은 호흡을 가다듬느라고 아주 애를 썼어요. 그 학습지도 결국엔 끊었습니다. '학습지는 네가 하는데 왜 내가 이 고생을 해야 하니' 하는 마음이었어요. 그 당시 일을 지금 스무 살이 넘은 딸아이가 저랑은 굉장히 다르게 기억을 하고 있더라고요. 학습지 시간에 자기가 안 들어왔다는 건 알겠는데 자기 기억에는 '이제 선생님이 올 때가 됐으니까 집에 가야지' 하는 마음은 들었대요. 그래서 집에 오는데 화단에 예쁜 꽃이 피었더라는 거죠. 그래서 엄마한테 꽃을 줘야겠다는 생각으로 땄다는 거예요. 제가 봤던 잡초가 우리 딸이 기쁜 마음으로 엄마를 주려고 딴 꽃이었다는 거죠.

꽃을 들고 신나게 집에 오는데 엄마가 저기서 호랑이 같은 얼굴로 나타난 거예요. 그리고 엘리베이터를 탔는데 그 엘리베이터 안에 친구가 있었대요. 저는 기억나지 않는데 거기서 제가 혼을 냈다고 하더라고요. 딸이 느끼기에는 친구가 있으니까 엄마가 더 심하게 혼내는 거 같았대요. 엄마가 그 친구를 한번 쳐다보고 자기를 더 무섭게 혼냈다고요. 그리고 집에 와서는 자기가 엄마를 주려고 따온 꽃을 엄마가 쓰레기통에 버렸다는 거죠.

같은 일을 이렇게 아주 다른 이야기로 기억하고 있더라고요. 아이들의 마음은 항상 엄마가 알 수 없는 곳에서 움직이고 있었습니다. 엄마인 내 마음 역시 내 맥락에서 움직였고요. 아이를 다 키우고 보니까 어차피 아이가 어릴 때는 엄마 마음을 아는 건 아니더라고요. 그래서 엄마는 아주 불리한 위치예요. 서로 감정 소통이 안 되고 마음을 알아줄 수 없는 상황이라면 그건 100퍼센트 엄마가 조금 더 잘했어야 하는 거예요. "엄마도 힘들었어"라고 하기엔 아이는 이제 겨우 초등학생이니까요. 딸이 성인이 된 지금에야 엄마도 힘들었다고 말할 수 있죠. "애 키우는 거 진짜 힘들어. 너는 서운했겠지만 엄마도 정말 힘들었어." 물론 이렇게 덧붙이는 것도 잊지 않습니다. "그때 네가 정말 서운했겠다."

아이 마음을 다 알기는 힘들지 몰라요. 하지만 열 번 중에 한 번이라도 이해하려고 노력하는 게 중요합니다.

좋은 양육 방식 습관화하기

우리는 양육에 대해서 전혀 알지 못하는 상태로 아이를 낳게 됩니다. 아이가 울 때, 떼쓸 때 어떻게 해야 하는지 알지 못한 채로 본능적이고 직관적으로 행동하게 됩니다. 계속해서 본능이나 직관에 의지하게 된다면 그 순간에 내가 어떤 행동을 하는지 미처 인지하지 못합니다. 내가 얼마나 크게 소리를 쳤는지, 얼마나 사나운 얼굴을 했는지, 내가 아이한테 어떤 모습을 보여주는지 모르는 채 양육을 하기 때문에 그 결과도 예측할 수 없죠. 나중에 아이가 "엄마 그때 왜 그렇게 무섭게 했어"라고 하면 "내가 언제?"라고 말할지도 모릅니다.

내가 어떤 양육 습관으로 아이를 키우고 있는지 생각해볼 필요가 있습니다. 습관이란 우리가 깊이 생각하지 않아도 저절로 반복되는 행동을 말합니다. 행동일 수도 있고 생각일 수도 있습니다. 습관으로 만드는 게 처음에는 굉장히 어렵고, 일단 습관이 되면 그걸 없애기도 쉽지 않습니다.

따라서 좋은 양육 방식을 습관화해서 몸에 지니고 있어야 합니다. 그게 가능할까 의심할 수도 있지만 저부터가 몇 가지를 습관으로 만들어서 크게 이득을 봤습니다. 아이를 키우다가 화가 날 때가 자주 있잖아요. 화가 날 때 사람들이 그냥 생각 없이 아무 말이나 막말을 하게 되죠. "너 같은 애를 왜 낳았는지 모르겠다", "너 때문에 내가 살기 힘들다"…. 그러고 나서 화가 식으면 "홧김에 그랬어"라고 말합니다. 듣는 아이 입장에서는 굉장히 상처가 되고 자존감을 깎는 말입니다. 어쩌면 평생 마음속에 남을지도 모릅니다.

누구나 화가 나면 마음에도 없는 말을, 또는 해서는 안 될 말을 할 수 있습니다. 그래서 저는 어떤 말을 할지 미리 정해두었어요. "엄마 지금 너무 화났어. 나중에 얘기해." 더도 덜도 없이, 이 한마디만 하려고 의식적으로 노력했습니다. 초반에는 화를 억누르다 보니 목소리가 달달 떨렸어요. 그런데 계속 반복하다 보니까 화난 상태에서는 다른 말이 생각나지 않더라고요. 이건 부부 싸움을 할 때도 유용합니다. 이 말을 들은 상대는 내가 화가 났다는 건 알되 상처받지는 않습니다. 여러분도 화가 나서 막말을 하는 습관이 있다면 이런 방법을 써보길 바랍니다.

7

엄마가 되고 나서
비로소 알게 된 것

엄마가 되고 나서 분명히 삶이 많이 달라졌을 것입니다. 저도 그렇습니다. 부정적인 얘기부터 할게요. 저는 아이들을 키우면서 내 안에 악마가 있었다는 걸 알게 됐습니다. 저는 정말 선량하게 살아왔다고 자부합니다. 그런데 아이를 키우면서 '난 누구지? 여긴 어디? 쟤는 누구?' 이런 순간들이 오더라고요. 과장이 아닙니다. 몇 번 정도 정말 강렬하게, 내가 애를 학대하는 엄마가 될 수도 있겠다는 느낌이 든 적이 있었어요.

아이가 네 살쯤 됐을 때의 일입니다. 퇴근하고 집에 왔는데 애가 무엇 때문인지 울면서 다채로운 톤으로 계속해서 엄마를 불러댔습니다. "엄마. 엄마? 엄마! 엄마!! 엄마아!!!" 수십 번은 부른 것 같습니다. 그때 제가 생리 전이었던 것 같기도 한데, 처음엔 대답을 하다가 어느 순간 고삐가 탁 풀어지는 느낌이었어요. 화가 날 때 여러분은 어떤 느낌이 드는지 모르겠는데 저는 머리 윗부분이 날아가버리는 느낌이 듭니다. 뇌가 사라지는 거죠. 그래서 제가 발을 동동 구르면서 "너 왜 그래! 도대체 왜 그러는데"라고 하면서 이성을 잃었어요. "왜 우는 건데, 엄마가 뭘 안 해줬어!" 그때 무럭무럭 솟아난 느낌이, 아이를 어떻게 하고 싶다는 기분이었어요.

원시적인 야수성은 누구한테나 있습니다. 이성으로 누르고 사는 거죠. 그런데 바닥에 있는 야수성을 보았고 사로잡혔죠. 여기서 정신을 안 차리면 나도 모르게 가서 아이를 어떻게 하겠다는 생각이 들었습니다. 그 일을 겪고 나서 제정신이 들었을 때 절대 아이를 때리지 않는 걸 원칙으로 해야겠다는 결심을 했습니다. 내가 경계하지 않으면 그 야수가 얘를 때리거나 몸을 잡고 흔들거나 던지거나 뭐든 할 수 있겠더라고요. 저도 처음 느끼는 감정이라 당혹스럽기도 했고 무섭기도 했습니다.

두 번째는 아이가 초등학교 1학년 때였어요. 열 시쯤 퇴근했는데 현관문을 여니까 "엄마" 하면서 보통의 귀여운 여자아이가 튀어나오더라고요. 그런데 아이를 보는 순간 자동화된 버튼처럼 단어가 하나 떠올랐어요.

"숙제는?"

그랬더니 아이가 아주 해맑게 "까먹었어" 하더라고요. 그때 또 뇌가 사라지는 느낌이 들었습니다. 다행히 신발을 신고 있었어요. 신발을 안 신고 있었으면 바로 달려갔을 것 같은데 신발을 벗는 시간 동안 화가 좀 가라앉았습니다.

"까먹었다고?"

"까먹었어."

"뭐 하느라고?"

"놀았어."

그때 또 한 번 악마가 튀어나왔습니다. 그런데 이때는 아이를 어떻게 하고 싶다는 단계마저 좀 넘어서 자포자기 심정이 되면서 금방 쓰러질 것 같았어요. 그저 '그냥 자. 자는 게 엄마를 도와주는 거야. 잘 때가 제일 예뻐' 이런 기분이었습니다.

이렇게 두 번 정도 '이게 인간의 한계에 도달하는 느낌이구나' 하는 걸 느꼈습니다. 사람이면 누구나 갖고 있는 폭력성이 나오지 않게 평생 조심하며 살아야겠구나 생각했습니다.

그다음부터는 애들이 뭔가를 화나게 할 때는 크게 숨을 쉬는 습관을 들였어요. 계속 반복하니까 효과가 있더라고요. 처음에는 그냥 하다가 그다음에는 고개를 푹 숙이고 팔을 축 늘어뜨리면서 한숨을 쉬었어요. 애들이 커가면서 눈치가 생기기 시작하니까 제가 그럴 때 미안해하더라고요. 그러면서 아이들도 그 상황에서 뭐라도 좀 하려고 애쓰기에 지금도 화가 날 것 같은 상황에서는 크게 숨을 내쉽니다. 한숨 쉬는 것도 눈치 보인다고 하는 사람이 있는데 화내는 것보다 낫습니다.

극단까지 갔던 기억이 두 번이지만 어쩌면 매일 겪었을지도 모르죠. 저도 아이를 낳기 전에는 '사랑스러운 애들을 때릴 데가 어디 있다고 때리지' 하는 생각을 했었죠.

엄마의 인내심

엄마에게 필요한 건 사랑보다 인내심이었다는 걸 엄마가 되고서야 비로소 알게 됐습니다. 사랑이라는 게 마냥 예쁜 그림일 수만은 없습니다. 그 느낌만으로 하루를 살 수는 없고 한 달을 살 수는 없고 5년을 살 수가 없어요. 하루 중에 "어머 예뻐라"라고 하는 순간은 아이가 크면서 급속도로 줄어듭니다.

우리는 사랑하지 않아서가 아니라 인내하지 않았을 때 후회합니다. 당장 소리를 지르고 싶지만 일단 심호흡을 하고 부드럽게 말할 수 있다면, 이 자체로도 이미 어마어마한 사랑입니다.

아이들은 태어나서 3년 정도는 엄마를 세상에서 제일 행복한 사람으로 만들어줍니다. 그 힘으로 평생 참는 겁니다. 그리고 참아야 결과도 좋습니다. 엄마가 된다는 건 매 순간 눈에 하트를 담아서 아이를 쳐다보는 게 아니라 이 아이한테 뭔가를 가르쳐야 할 때 인내심을 갖고 가르치는 겁니다. 진짜 사랑은 그런 겁니다.

어느 날 집에 가서 보니 아이들이 지나간 자취를 따라 물건들이 점점이 떨어져 있었어요. 양말, 바지, 수건, 가방…. '내가 이 집 청소부냐' 하는 생각이 들었지만 또 한 번 한숨 쉬고 참았습니다. 나중에 애들하고 진중하게 얘기를 나눠보니까 좀 있다가 하려고 그랬대요. 자기들도 다 생각이 있고 계획이 있었답니다. 엄마는 항상 자기가 하려고 마음먹었을 때 잔소리를 해서 기분이 안 좋다고 하더라고요. 그런데 애들의 '조금 있다가'라고 하는 게 굉장히 긴 시간이지 않나요? 내가 치우면 아이들이 "내가 하려고 그랬는데"라고 해요. 그래서 요즘엔 이렇게 말합니다. "아, 그래. 네가 하려고 그랬구나. 기다리지 못한 이 손이 참 잘못이다. 미안. 다음엔 조금 더 일찍 하렴." 이렇게 서로 좋게좋게 말합니다. 이런 말이 이제 습관이 됐어요. 나도 모르게 "내가 못 살아" 하는 말도 나옵니다. 그래도 이런 말들을 하면서 구렁이 담 넘어가듯 하루하루를 넘어가는 겁니다.

마지막으로 내가 엄마가 되어서 알게 된 것은 긍정적인 변화입니다. 지구를 걱정하게 됐어요. 애들이 어렸을 때만 해도 지구 따위는 염두에 없었습니다. 그런데 요즘은 기후변화 얘기를 들으면 우리 아이들이 어른이 됐을 때 이런 문제를 겪으면 어떡할까 하는 걱정이 들더라고요.

저는 큰애를 낳은 해부터 심리학자로서 병원에서 일하기 시작했습니다. 처음에는 성인 내담자들만 만나다가 딸이 다섯 살 때쯤 아이들을 보기 시작했습니다. 초반에는 아이들 상담하고 엄마들 교육하는 업무가 굉장히 힘들었어요. 한번은 ADHD인 애들이 한꺼번에 왔는데 내 힘으로 다룰 수가 없더라고요. '왜 이렇게 힘든 일을 해야 하지'라며 한숨 쉬다가 정말로 현명한 생각이 떠올랐어요. '내가 이 아이들을 도와줘서 잘 생활할 수 있게 해주면 나중에 우리 애가 좋은 직장 동료를 만나겠구나.' '내가 이 아이들을 도와주는 건 이 아이들을 위해서이기도 하지만 나를 위해서고 우리 아이들을 위해서이기도 하구나. 이 아이가 좋은 시민으로 자라야 우리 아이가 좋은 세상에서 살겠구나.' '덕을 쌓아야 우리 아이들이 잘 살겠구나.'

우리 아이들이 다른 사람들과 어울려 살아갈 때 조금 더 좋은 사람들을 만나면 저도 안심이 되고 기쁘겠지요. 마침 내가 하는 일이 아이들을 정서적으로 편안하게 만들어주는 일이니 공공의식이 생겼어요. 그리고 세상을 좋게 만드는 데 기여해야겠다는 지금의 직업관을 만들었습니다. 저는 이것이 부모가 되면서 얻은 가장 큰 소득이라고 생각합니다. 아마 엄마가 되지 않았으면 이런 가치관을 갖게 되지는 못했을 것 같아요.

8

나는 좋은 엄마일까

"자신이 좋은 엄마라고 생각하세요?"라는 질문을 받으면 무슨 생각이 드나요? 제가 이 질문을 부모들한테 했을 때 "네, 좋은 엄마입니다"라고 대답하는 사람이 드물었어요. 그간 잘못했던 것, 못하는 것만 떠오르는 게 엄마 마음인 것 같습니다.

그런데 '좋은 엄마'라는 게 뭐죠? 좋다는 기준이 뭘까요? 일하는 엄마라면 일단 아이와 함께하는 시간이 적은데, 그럼 좋은 엄마가 아닌 걸까요? 대신 잔소리를 덜 할 수도 있잖아요. 요리를 못하면 좋은 엄마가 아닌가요? 내가 한 요리보다 더 맛있는 걸 사줄 수도 있죠.

저도 일하는 엄마인데 잔소리를 잘 안 했어요. 이제 성인이 된 아이한테 엄마가 잔소리를 안 해서 좋았냐고 물어보면 대답을 못 해요. 왜냐하면 비교 대상이 없거든요. 잔소리를 많이 하는 엄마 밑에서 자라본 적이 없으니까요. 엄마가 일한다는 게 반드시 좋거나 나쁘지도 않아요. 엄마가 집에 있으면서 학습지를 더 시킨다면 아이는 엄마가 일하길 바랄 수도 있죠. 반대로 맛있는 걸 더 많이 해준다면 엄마가 일하지 않기를 바라겠죠. 이처럼 모든 건 상대적이고 장단점이 있는 겁니다.

이제 좀 다른 질문을 해볼게요.

"당신은 부모님의 기대를 만족시키는 자식인가요?"

"당신은 최선을 다하면서 살고 있나요?"

"당신이 원하는 것이 무엇인지 분명히 아는 상태로 살고 있나요?"

이런 질문을 스스로에게 던져보면 나는 좋은 딸도 아니고 최선을 다하는 것 같지도 않고 내가 뭘 원하는지 모르면서 사는 것같이 느껴져요. 앞의 질문도 마찬가지입니다. 항상 부족한 것 같죠. 이런 질문들에 확신을 갖고 내가 훌륭하다고 말할 수 있는 사람은 많지 않습니다.

우리가 답할 수 있는 말은 그저 '최선을 다하고 있다'입니다. 사실 '최선을 다하고 있느냐'고 물었을 때 그렇다고 말할 수 있는 사람도 많지 않을 거예요. 항상 최선을 다하기도 힘든 게 현실이에요. 그저 애쓰고 있는 거죠. 좋은 엄마가 되려고, 좋은 딸이 되려고, 인생을 잘 살아나가려고 노력하고 있어요.

'좋은' 엄마의 기준은 무엇일까

이런 질문은 누구에게 하든 비슷한 대답을 할 수밖에 없어요. 그런데 나만 그렇다고 생각하기 쉽죠. 이런 걸 '포러 효과(Forer effect)'라고 합니다. 심리학자 바넘 포러가 발견한 것으로 사람들이 일반적으로 가지고 있는 성격이나 심리적 특징을 자기만의 특징으로 여기는 경향을 뜻합니다. 아이를 키우는 게 나만 힘들고, 나만 나쁜 엄마 같고, 그러다 보면 자존감이 낮아지고 맙니다.

우리나라 사람들은 '최선'이라는 말도 너무 무겁게 받아들이는 경향이 있습니다. 죽을 만큼 자신을 돌보지 않고 노력해야 한다고 생각하기도 하죠. 항상 행복하고 아이들이 즐거운 가정 분위기여야 한다는 강박에 시달리기도 해요. 하지만 이건 너무 비현실적인 생각입니다.

생각해보면 하루 중에 기분이 좋거나 나쁠 때만 있는 게 아니라 별다른 기분을 느끼지 않는 시간이 제일 많아요. 그러니까 애들을 계속 기분 좋게 한다는 것은 가능하지 않은 일이에요. 그런데 애들이 기분이 나쁘면 바로 나는 별로 좋은 엄마가 아닌 것 같은 느낌이 드는 거죠.

엄마들이 대부분 이렇게 생각해요. '나는 내 삶에서 내가 뭘 원하고 뭘 좋아하는지 잘 모르겠어. 그렇지만 내 아이는 자기가 원하는 것을 찾아서 행복하게 살았으면 좋겠어. 그러기 위해서 부모인 내가 최선을 다하는 게 맞아.'

아이가 행복해야 내가 좋은 부모이고, 아이가 행복하려면 원하는 걸 하게 해줘야 하고, 그걸 위해 내가 최선을 다해야 한다, 이런 생각의 흐름이 생기는 거죠. 그러고는 어려서부터 사교육을 열심히 시켜요. 아이가 원하는 걸 찾아주고 싶어서. 사실 애들이 원하는 건 많이 노는 건데 그건 무시해요. 아이를 위한답시고 더 공부를 시켜요. 사실은 부모 자신이 선택한 거죠.

부모로서 내가 부족한 것 같고 불안한가요? 그럼 아무 생각 없이 받아들이는 이런 명제에 대해 다시 생각해보세요.

좋은 엄마란 뭘까? 좋다는 것의 기준은 뭐지? 꼭 좋은 엄마여야 하나? 아이들을 위해서 최선을 다한다? 그러면 최선이 뭐지? 왜 꼭 최선을 다해야 하지?

남들이 하는 말, 다른 부모들이 하는 것 말고 스스로 생각하고 정의를 세워보세요. 좋은 엄마의 모습은 사람마다 다를 수 있습니다.

당신은 충분히 좋은 부모입니다

아이를 키우다 보면 내가 분노조절 장애인가 싶을 때가 있습니다. 분명 아이를 너무 사랑하는데 때때로 분노가 치미는 건 왜 그럴까요? 육아를 하면서 울컥울컥 치솟는 화를 사랑만으로 통제가 안 되는 이유는 사랑도 기운이 있을 때 가능하기 때문입니다. 참는 힘은 금방 소진됩니다. 그러니 '내가 아이를 사랑하지 않는 것 아닌가' 하는 생각은 할 필요가 없습니다.

화라는 건 스트레스에 대한 반응이기 때문에 스트레스를 다룰 수 있어야 합니다. 분노를 일으키는 사건에는 세 가지가 있습니다. 어떤 상황이 있고 그 상황에 대한 내 생각이 있고 결과가 있습니다. 어린아이들이 말썽을 일으키지 않게 하려면 상황을 바꿔주면 됩니다. 예를 들면 계속해서 의자에 기어 올라간다면 의자를 치우면 됩니다.

아이가 6~7세쯤 되면 상황을 통제하는 것만으로는 해결되지 않을 수 있습니다. 이때부터는 엄마가 생각을 바꿔야 합니다. 조금만 비켜 생각하면 됩니다. '얘는 어린애야. 한두 번에 들으면 애겠어'라고 생각하면 마음이 한결 편해집니다.

그리고 결과를 바꾼다는 건 가령 '아 그래. 그냥 어질러진 채로 살자' 하면서 순응 혹은 반쯤 포기하는 자세라고 할 수도 있습니다. 마음을 반쯤 놓아버리고 편히 지내세요. 우리가 화를 내는 많은 일들이 잘 생각해보면 그리 큰일도 아닙니다. 이렇게 생각을 바꾸면 분노할 만한 사건들이 조금 줄어들 수 있고, 분노하더라도 자책을 덜 할 수 있습니다. 화가 나는 건 너무 당연한 거고 화를 안 내는 사람은 없습니다.

기운을 충전하기 위해 부모 자신만을 위한 계획을 세워보세요. 즉 잘 먹고 잘 자는 계획을 세우는 겁니다. 제대로 안 먹고 안 자면 그냥 하루가 짜증이 납니다. 잘 먹고 잘 자야 아이도 사랑할 수 있습니다.

그리고 하기 싫은 일은 좀 안 해도 됩니다. 같은 반 아이들 엄마들이 어머니 모임을 하자고 한다, 시어머니 생신이라 생일상을 차려야 할 것 같다, 이처럼 아무도 강요하진 않았지만 해야 할 것만 같은 일들이 있잖아요. 그냥 싫으면 안 하는 겁니다. 당연히 해야 하는 의무나 중요한 일을 하지 말라는 게 아닙니다. 내가 굳이 안 해도 큰일 나지 않는 일들에 혼자서 의무감을 갖고 시달리고 있진 않나요? 기꺼이 하고 싶은 마음이 들지 않고, 대세에 지장이 없다면 과감히 놓아버리세요. 이걸 못 하는 사람이 스트레스를 많이 받습니다.

"다른 아이들은 안 그러던데 우리 아이가 이상한 건가요?"라든가 "다른 엄마들은 잘하는 것 같은데 저만 이렇게 힘든가요?"라는 질문을 하는 부모가 많습니다. 부모는 내 아이들만 키우니 당연히 다른 아이들은 어떤지 모릅니다. 그리고 다른 부모들이 밖에서 하는 말만 들어서는 가정에서는 실제 어떤지 모릅니다. 명심해야 할 건, 아이의 행동 중 대부분은 정상 행동이라는 겁니다.

부모도 사람인지라 기계처럼 훈육을 할 수는 없습니다. 완벽한 사람이 없듯 완벽한 부모도 없습니다. 잘하다가 삐끗해서 일관성을 잃기도 하고 때로는 욱하기도 하고 감정이 요동치기도 합니다. 그래도 포기하지 않고 다시 정신을 차리고 원칙대로 하다 보면 아이들은 우리 생각보다 훨씬 더 잘 자랍니다.

잊지 마세요. 당신은 충분히 좋은 부모입니다.

조선미의 현실 육아 상담소

1판 1쇄 2023년 4월 20일
1판 12쇄 2024년 11월 25일

지은이 조선미
펴낸이 김정순
편집 허영수 조창원
마케팅 이보민 양혜림 손아영

펴낸곳 (주)북하우스 퍼블리셔스
출판등록 1997년 9월 23일 (제406-2003-055호)
주소 04043 서울특별시 마포구 양화로 12길 16-9(서교동 북앤빌딩)
전자우편 editor@bookhouse.co.kr
홈페이지 www.bookhouse.co.kr
전화 02-3144-3123
팩스 02-3144-3121

ISBN 979-11-6405-203-5 13590